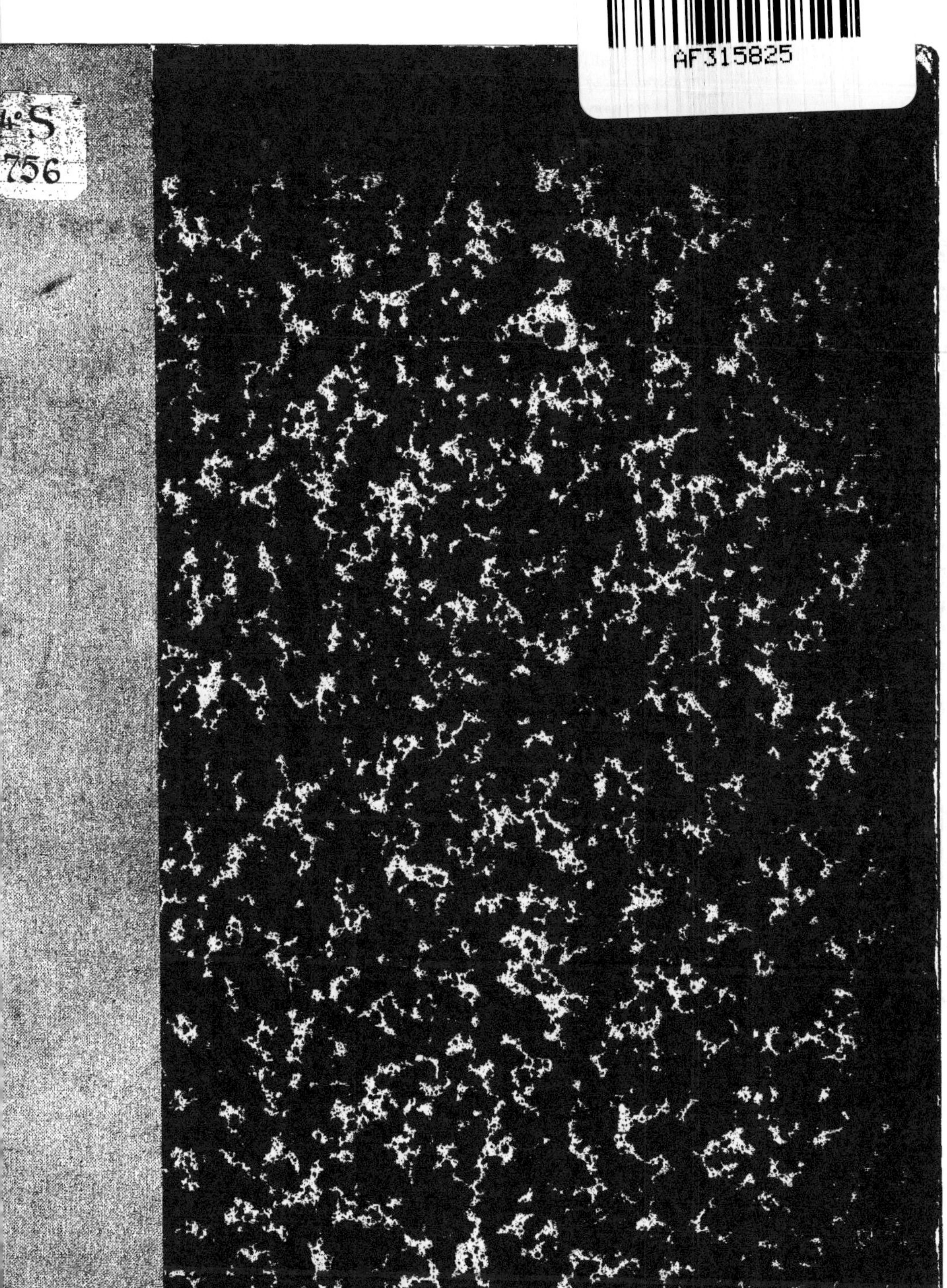

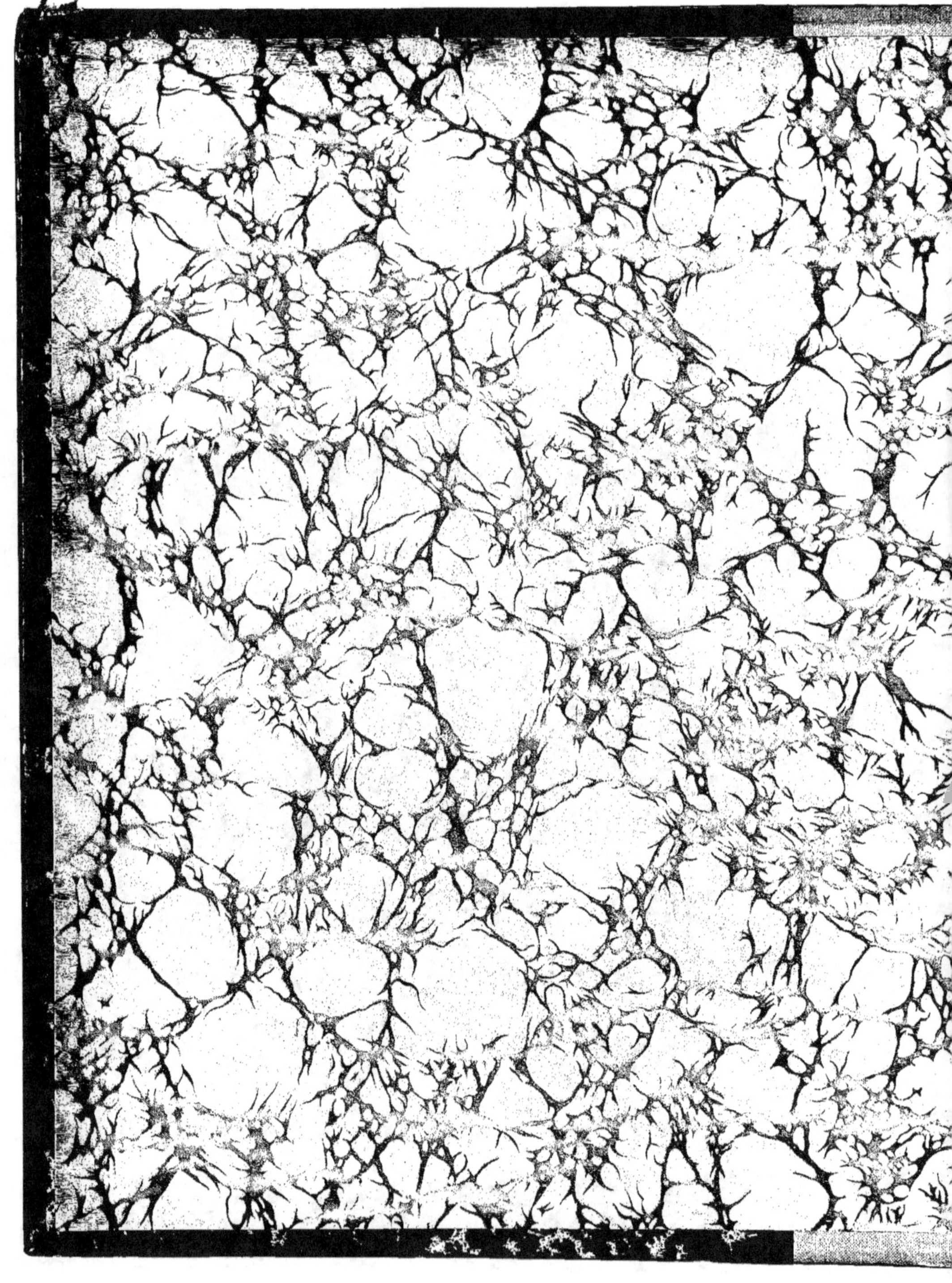

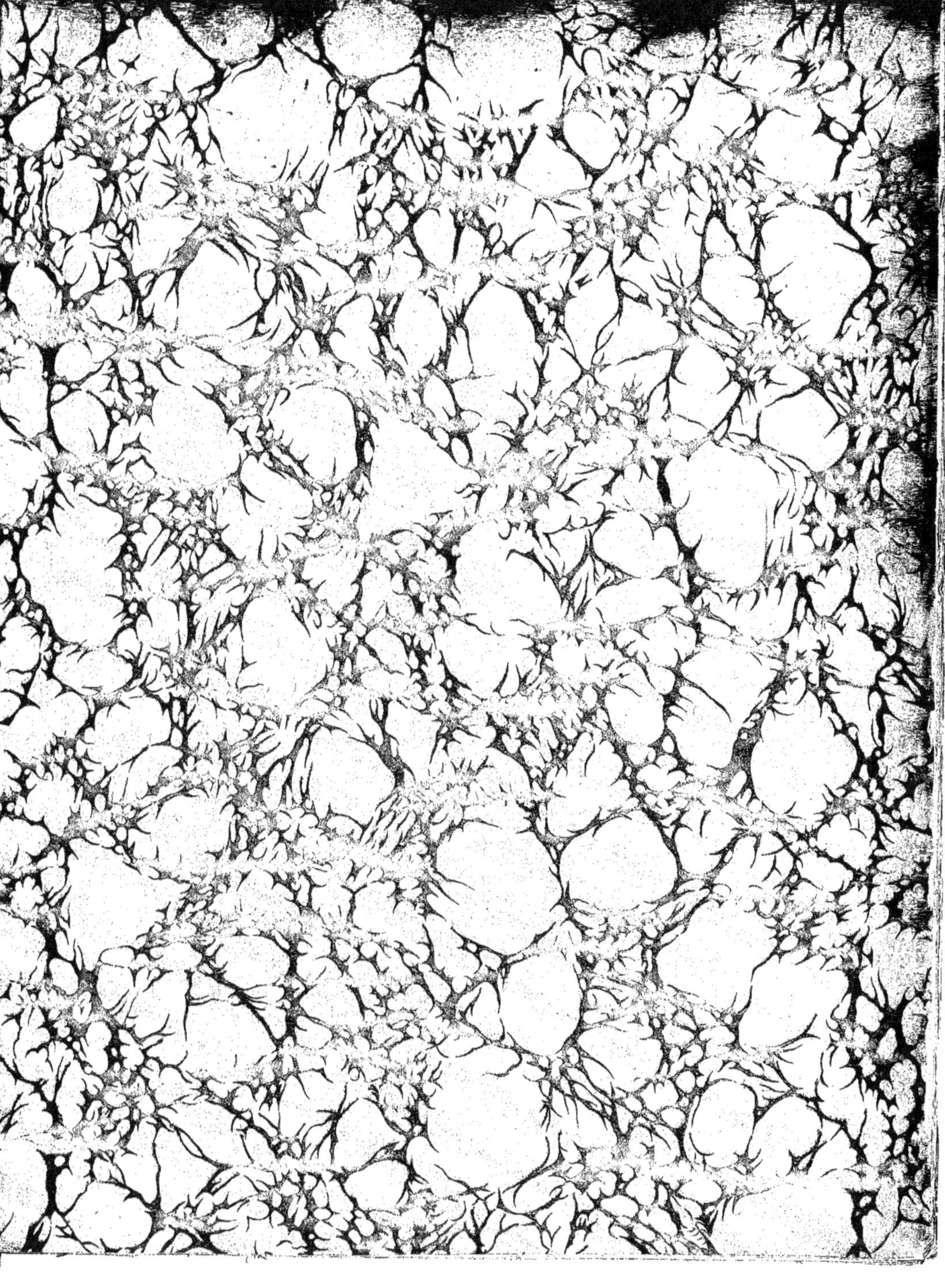

RECHERCHES

POUR SERVIR A L'HISTOIRE NATURELLE

DES

VÉGÉTAUX INFÉRIEURS

PAR

J. DE SEYNES

PROFESSEUR AGRÉGÉ A LA FACULTÉ DE MÉDECINE DE PARIS

I

DES FISTULINES

PARIS

F. SAVY	G. MASSON
LIBRAIRE DE LA SOCIÉTÉ BOTANIQUE	LIBRAIRE DE L'ACADÉMIE DE MÉDECINE
24, RUE HAUTEFEUILLE	PLACE DE L'ÉCOLE-DE-MÉDECINE

1874

RECHERCHES

POUR SERVIR A L'HISTOIRE NATURELLE

DES VÉGÉTAUX INFÉRIEURS

PARIS. — IMPRIMERIE DE E. MARTINET, RUE MIGNON, 2

RECHERCHES

POUR SERVIR A L'HISTOIRE NATURELLE

DES

VÉGÉTAUX INFÉRIEURS

PAR

J. DE SEYNES

PROFESSEUR AGRÉGÉ A LA FACULTÉ DE MÉDECINE DE PARIS

I

DES FISTULINES

PARIS

F. SAVY
LIBRAIRE DE LA SOCIÉTÉ BOTANIQUE
24, RUE HAUTEFEUILLE

G. MASSON
LIBRAIRE DE L'ACADÉMIE DE MÉDECINE
PLACE DE L'ÉCOLE-DE-MÉDECINE

1874

L'étude des êtres organisés, après avoir débuté par l'examen attentif
des formes et des rapports extérieurs, a singulièrement étendu son
domaine depuis les temps où la simple description spécifique constituait
toute l'histoire naturelle. Une première analyse a décomposé l'animal
ou la plante en organes, dont elle a cherché à déterminer le jeu par
des analogies et des déductions logiques, et longtemps la physiologie
a vécu d'hypothèses. Plus tard, aidée des progrès des sciences exactes,
elle a cherché dans une expérimentation rigoureuse un appui plus
solide. L'observation analytique, faisant un pas de plus, a décomposé
les organes eux-mêmes en leurs premiers éléments; elle a montré que
l'être vivant était composé d'un nombre souvent considérable d'éléments
simples, doués d'une vie individuelle et liés entre eux par des rapports
d'ordre physico-chimique : sans la connaissance précise des conditions
matérielles et des actes de la vie des éléments cellulaires, on a
facilement reconnu qu'on ne pourrait résoudre un grand nombre de
problèmes soulevés par l'étude des êtres organisés. En trouvant à leur

portée des organismes réduits à un petit nombre d'éléments, quelquefois à un seul, les observateurs ont bientôt compris quelles ressources offrirait pour la solution de tels problèmes l'étude de ces organismes jusque-là si peu connus. On n'a pas encore tiré de cette étude tous les avantages qu'elle promet pour la connaissance des végétaux ; cependant on pourrait dès aujourd'hui faire une bibliographie considérable des travaux dans lesquels l'observation des végétaux inférieurs est venue en aide à la connaissance des procédés de développement ou de nutrition des tissus ou des organes des végétaux supérieurs.

Lorsque Mirbel voulut connaître le développement du tissu cellulaire des plantes, c'est au *Marchantia polymorpha* qu'il demanda la réponse aux questions qu'il se posait sur ce sujet ; puis de l'étude de l'organe femelle de cette humble Cryptogame, il fut conduit à mieux approfondir l'organogénie de l'anthère. C'est chez les Algues que les botanistes recherchent avec avantage les procédés de formation des enveloppes cellulaires autour du protoplasma ; c'est sur des Conferves que Mohl a observé le développement des cloisons intracellulaires ; ce sont les *Chara* qui ont fourni les premiers et plus frappants exemples de mouvements du protoplasma au sein de la cellule végétale. C'est à propos des Prêles, si bien étudiées par M. Duval Jouve, que M. Brongniart disait naguère : « Des détails pleins d'intérêt sur le développement et la structure des » stomates de ces végétaux, sur leur position toujours limitée aux parties » de l'épiderme qui recouvrent un parenchyme rempli de chlorophylle, » sur leur perméabilité par l'air et sur leur occlusion dans d'autres cir- » constances, fournissent de nouvelles preuves du rôle de ces petits » organes dans les fonctions respiratoires des plantes (1). »

---

(1) Rapport de M. Brongniart sur un mémoire, etc. (*Comptes rendus de l'Académie des sciences*, 1863, t. LVI.

Quelques-uns des végétaux auxquels je viens de faire allusion sont relativement élevés dans l'échelle des Cryptogames. Les travaux de M. Pasteur, poursuivis à un point de vue plus éloigné de l'histoire naturelle proprement dite, ont montré quel parti on pouvait tirer pour la physiologie végétale de recherches dirigées sur les plantes les plus inférieures; et M. Raulin, rendant hommage à cette méthode, s'est servi d'une Mucédinée comme sujet d'expérience pour ses *Études chimiques sur la végétation*. Sans doute il faut soigneusement se garder d'une trop grande précipitation dans les déductions que l'on tire de certains rapprochements, et cet écueil n'a pas toujours été évité : les comparaisons que l'on a voulu établir entre les phénomènes de digenèse chez les végétaux inférieurs, et la succession des actes végétatifs et reproducteurs chez les Phanérogames, n'ont pas toujours résisté à une critique sérieuse. Mais qui pourrait dire qu'une notion plus intime et plus vraie des phénomènes qui précèdent, accompagnent ou suivent la fécondation, n'ait rien à gagner aux rapprochements entre l'albumen et le prothallium, entre le sac embryonnaire et la macrospore, dus aux botanistes allemands, et résumés par M. Sachs dans son récent traité de botanique?

L'étude de la vie chez les êtres inférieurs est à la portée de tous; elle ne nécessite pas l'usage du laboratoire, dont M. de Candolle décrivait à un congrès d'horticulture de Londres le plan si logiquement combiné, mais dont l'exécution se fera sans doute longtemps attendre. Ici quelques bocaux, quelques récipients où puissent être entretenues dans une humidité suffisante les plantes à utiliser; un modeste châssis d'appartement, vitré, pour abriter des Mousses, des Hépatiques, des Lichens; un petit réservoir à eau pour les Algues; quelques vases et cloches pouvant se prêter à des combinaisons avantageuses pour conserver ou faire accroître et se multiplier les Champignons; puis le microscope avec ses réactifs et ses accessoires, parmi lesquels il faut citer les lamelles de verre à cellules semblables, celles que M. Van Tieghem a décrites (1), voilà les conditions très-simples d'observation et même d'expérimentation qui peuvent donner à ceux qui savent les utiliser des résultats tels que M. Tulasne nous en a montré de si merveilleux dans son *Selecta Fungorum Carpologia*.

Quel que soit le nombre des travaux de ce genre qui depuis plusieurs années ont apporté une vive lumière sur l'organisation et la reproduction des végétaux inférieurs, le moment n'est pas encore venu où l'on pourra systématiser d'une manière rationnelle et générale les connaissances acquises à leur sujet. De là vient que la plupart de ces travaux revêtent la forme d'observations détachées. Les *Icones* de M. Hoffmann, les fascicules publiés sous différents titres par MM. Fresenius, de Bary, Bail, Brefeld, etc., traduisent très-bien les nécessités présentes de la Mycologie en particulier. Ces publications, sans avoir aucun lien apparent, guident d'autres observateurs, entretiennent entre eux des communications fécondes, et auront pour résultat de contribuer pour une bonne part aux progrès de l'Anatomie et de la Physiologie végétales.

Tels sont les motifs qui me font commencer aujourd'hui la publication de fascicules qui paraîtront à époque indéterminée, et qui n'auront d'autre but que de faire connaître celles de mes observations journalières qui me sembleront dignes de quelque intérêt ; je crois avantageux d'adopter même le format usité en Allemagne pour ces sortes de publications, format qui permet de donner aux figures un développement souvent nécessaire.

Je chercherai à être le plus fidèle possible au programme que je signalais en commençant, et je m'efforcerai de montrer les points de contact que présentent l'anatomie et la physiologie des végétaux inférieurs avec l'anatomie et la physiologie des autres végétaux ; mais je

---

(1) Van Tieghem et Le Monnier, *Recherches sur les Mucorinées* (*Ann. sc. nat.*, 5ᵉ sér., t. XVII, p. 263).

ne puis avoir la prétention de m'y astreindre toujours, par cette raison bien simple qu'une comparaison, pour être fondée suppose, une égale connaissance des deux termes à comparer. Or, à l'heure qu'il est, le plus inconnu des deux termes est encore la plante cryptogame; il faut la faire connaître tout à la fois dans son anatomie et sa physiologie spéciale et dans la place qu'elle occupe dans la classification. Il m'arrivera donc de joindre quelquefois à ces études des descriptions et des figures d'espèces nouvelles ou peu connues. On sait quelle est, en particulier pour les Champignons, l'utilité, je devrais dire la nécessité des figures.

La monographie que contient le premier fascicule a pour sujet un genre dont les affinités sont multiples et les espèces peu nombreuses. Dans le Règne végétal comme dans le Règne animal, l'observation de ces êtres à caractères mixtes est particulièrement instructive et offre des rapprochements pleins d'inattendu. Mes premières recherches sur cette plante datent de loin, elles remontent à l'année 1862. J'ai eu deux fois l'occasion de faire connaître quelques-uns des faits nouveaux qui avaient attiré mon attention; je les complète aujourd'hui par une étude histologique plus détaillée, par des observations sur le développement du réceptacle et de ses différentes parties, sur la germination des conidies, sur leur passage à l'état de cellules végétatives pendant une période du développement du chapeau; par la discussion des faits qui concernent les réservoirs à sucs propres et leurs rapports avec les laticifères, etc. Enfin j'ai pu y faire entrer l'étude des deux espèces nouvelles décrites dans le *Grevillea* (novembre 1872), et dont je dois l'obligeante communication à MM. Berkeley et Cooke : je suis heureux d'avoir l'occasion de leur en exprimer ici toute ma reconnaissance.

RECHERCHES

POUR SERVIR A L'HISTOIRE NATURELLE

DES VÉGÉTAUX INFÉRIEURS

DES FISTULINES

Fistulina Bull.

Les Fistulines (*Fistulina* Bull.) sont des Champignons voisins des Polypores; elles en ont été séparées par Bulliard à cause du caractère que présentent les tubes dont est garnie la surface inférieure du chapeau.

Ces tubes, tapissés à l'intérieur par l'hyménium, ne sont pas soudés entre eux comme chez les Bolets et les Polypores, et, suivant l'ingénieux rapprochement de Fries, le genre *Fistulina* est aux Bolets ce que le genre *Schizophyllum* est aux Agarics. Les Fistulines vivent sur les troncs d'arbres et les vieilles souches; elles s'attachent aux parties souterraines ou sur le tronc à diverses hauteurs, là où le bois apparaît privé de son écorce par une déchirure accidentelle, ou dans les cicatrices imparfaites qui suivent la chute d'une grosse branche.

Une espèce, le *Fistulina hepatica* Fr., est commune en Europe. Elle offre l'aspect d'une masse charnue épaisse, à contour simple ou lobé, de couleur rouge foncé; la surface supérieure, bombée, est papilleuse, ce qui lui donne l'apparence d'une langue. Cette apparence curieuse et ses qualités comestibles ont attiré de tout temps l'attention sur ce Champignon. Les Romains l'appelaient, au dire de Paulet, *Lingua bovina*. Le nom languedocien de *Lenguabouine*, cité par Sauvages, se retrouve, paraît-il, dans les endroits où les Romains avaient établi des colonies. Je l'ai vu plus fréquemment connu dans ce pays sous le nom de *Lenguo de Castaniè* (Langue de Châtaignier) ; il est appelé en Toscane *Lingua di Castagno*, et en Piémont *Langhe*. Dans le nord de la France, il est connu sous le nom de *Langue-de-bœuf*, *Foie-de-bœuf*, *Langue de Chéne*, *Glu de Chéne*.

Un des noms le plus anciennement donnés à cette plante, nom conservé par Sterbeck et adopté plus tard par Persoon, est celui d'*Hypodrys*, que Solenander adopta en 1596, désignant par là que le Chêne est un des arbres sur lesquels se rencontre le plus souvent la Fistuline. Buxbaum paraît être un des premiers à avoir observé la séparation des tubes hyménophores ; il la dépeint ainsi : *Agaricus gelatinosus parte prona erinaceus*. La Fistuline fut confondue avec les Bolets jusqu'en 1791, époque à laquelle Bulliard lui donna le nom de *Fistulina buglossoïdes*. Paulet la rangea parmi ses *Dendrosarcos*, qui comprenaient un grand nombre d'Hyménomycètes lignicoles. Enfin le nom de *Buglossus* lui fut attribué par Wahlenberg, qui transporta à la dénomination générique le caractère sur lequel Bulliard avait basé le nom spécifique de *buglossoïdes* (1820, Wahl., *Fl. Upsal.*, p. 459). On retrouve encore ce nom en 1833 dans Wallroth (*Flor. Crypt. Germ.*, IV, p. 609). On doit à Fries d'avoir fait prévaloir le nom de Bulliard, et aujourd'hui ce Champignon est nommé par tous les auteurs *Fistulina*. Quant à la désignation spécifique, Fries a repris celle que lui avaient donnée les anciens auteurs qui la rangeaient parmi les Bolets, au lieu d'accepter celle de Bulliard, et c'est sous le nom de *Fistulina hepatica* Fr. que les botanistes se sont habitués à désigner l'espèce la plus répandue (1). Trois autres espèces, toutes trois d'origine américaine, ont été découvertes depuis.

La structure particulière des Fistulines a frappé l'attention de la plupart des botanistes. Bulliard déclare que ce Champignon est un des plus curieux que nous ayons en France. Plus tard, Persoon s'exprime à peu près dans les mêmes termes : « Ce Champignon, dit-il, qui est le seul de son genre, est un des plus singuliers que l'on connaisse. » Cependant aucune étude spéciale n'en a été entreprise ;

---

(1) Voyez la synonymie plus complète au dernier chapitre.

un seul auteur, Schmalz, paraît avoir voulu se rendre compte de son organisation, et il n'a fourni que des données inexactes (1).

I

MYCÉLIUM ET RÉCEPTACLE.

§ 1ᵉʳ. **Mycélium**. — Tout à fait transitoire, il n'est plus visible au moment où le Champignon se montre sous forme d'une petite sphère de la grosseur d'une tête d'épingle ; les cellules qui sont directement en contact avec le bois font partie du parenchyme du réceptacle, et seront décrites avec lui. J'ai pu observer quelques filaments germinatifs, j'en donnerai les caractères en parlant des conidies ; mais la période de germination intermédiaire entre l'issue des premiers filaments germinatifs et la constitution d'un parenchyme distinct a échappé jusqu'ici à toutes nos investigations, soit dans le laboratoire, soit sur la nature. Il serait d'autant plus désirable de combler cette lacune, que c'est probablement à cette période que se rattachent les phénomènes de fécondation ou de copulation.

§ 2. **Structure du Réceptacle, ses éléments cellulaires**. — La forme générale du réceptacle a beaucoup d'analogie avec celle des Polypores de la section des Pleuropes ; le plus souvent il se compose : 1° d'un pédicule qui varie de longueur : j'en ai rencontré qui avaient jusqu'à 20 centimètres, ce qui se produit si la Fistuline est portée par une racine un peu profondément enfoncée en terre ; il a d'ordinaire 2 à 5 centimètres de longueur ; 2° d'un chapeau à direction horizontale et perpendiculaire ou légèrement oblique sur le pédicule, et qui s'étale en une masse charnue de dimension et d'épaisseur très-variables. Le bord circulaire est obtus, tantôt assez régulier, tantôt lobé. La surface supérieure est bombée, rouge, et couverte de tubercules papilleux comme le pédicule. La surface inférieure est pleine ou légèrement concave, d'un blanc gris tournant au jaune orangé par places et surtout vers le pédicule, et devenant rouge brun après la matu-

---

(1) Schmalz, *Prospectus Fungorum species,* pars I (1827), p. 5.

rité : elle semble recouverte d'une épaisse villosité : ce sont les tubes hyméno-phores distincts qui lui donnent cet aspect ; les ouvertures de ces tubes sont visibles comme chez les Polypores.

Le pédicule peut manquer et le chapeau être sessile ; d'autres fois la Fistuline a une tendance à se ramifier : elle présente plusieurs chapeaux plus ou moins fusionnés, ou bien des mamelons sur le pédicule, qui annoncent cette tendance. L'aspect exté-rieur de chacune des parties du réceptacle sera mentionné avec plus de détails en traitant de l'histologie de ces parties. Nous commençons par celle du parenchyme formant la masse du chapeau et du pédicule, qui ne sont pas séparables anatomi-quement. Nous étudierons ensuite les appendices situés à la surface externe de ce réceptacle ou son revêtement, puis les organes reproducteurs.

Une coupe faite à l'intérieur du réceptacle laisse voir un tissu charnu d'une con-sistance homogène, un peu plus ferme à mesure qu'on approche de la base du pédicule, plus molle au contraire vers la partie supérieure du chapeau, qui, dans une variété de la Fistuline hépatique, devient tout à fait gélatineuse. La teinte de ce tissu est rouge de chair crue, tirant quelquefois un peu sur le rouge violacé de la Bette-rave. La partie du pédicule soustraite à la lumière est blanche intérieurement et extérieurement, mais elle devient très-vite rose, puis rouge ; la teinte générale rouge reste néanmoins toujours plus claire à la base du pédicule, et foncé beaucoup vers la partie supérieure du chapeau. Le pédicule et le chapeau présentent d'étroites bandes blanches ou légèrement rosées lorsqu'elles ont été exposées à la lumière, et qui restent toujours plus claires que le reste du tissu ; elles se dirigent d'une manière uniforme de la base du pédicule vers la périphérie du réceptacle ; à la partie infé-rieure du réceptacle, au point qui correspond à la naissance des tubes, elles se tou-chent et forment une ligne blanchâtre d'environ un millimètre de largeur. Si l'on fait une coupe perpendiculaire au plus grand axe du réceptacle et à la direction générale de ces veines plus claires, on voit qu'elles se rejoignent et forment ainsi des aréoles de forme irrégulière, qui rappellent la disposition des faisceaux musculaires circonscrits par le tissu aponévrotique. Nous verrons plus loin la signification de ces bandes claires.

Le tissu du réceptacle est formé par des cellules d'une composition assez iden-tique pour qu'on ne puisse pas séparer des couches distinctes ; on ne peut établir que des zones tout à fait artificielles. Ces cellules sont de divers calibres, cloisonnées de distance en distance et de direction variée. On peut les ranger en deux catégories :

1° Les *cellules larges*. Celles-ci sont tantôt régulièrement cylindriques, tantôt fusiformes, à cloisons rapprochées ; leur calibre varie entre $0^{mm},008$ et $0^{mm},025$; il est le plus ordinairement de $0^{mm},015$ à $0^{mm},020$. Quand elles sont fusiformes, le calibre de la partie effilée peut descendre au-dessous de $0^{mm},008$ et n'avoir plus que $0^{mm},004$ ou $0^{mm},005$ au niveau de la cloison, le plus grand diamètre de la partie moyenne ne dépassant plus alors $0^{mm},010$ ou $0^{mm},012$. La paroi est peu épaisse, transparente, et n'a guère plus d'un demi-millième de millimètre d'épaisseur. Le protoplasma est hyalin ; les granulations graisseuses, de dimension variable, y sont rares et quelquefois nulles chez les plus grandes. Leur longueur ou la distance mesurée entre deux cloisons est extrêmement variable, suivant les points du réceptacle où on les considère ; les plus courtes ont $0^{mm},025$, elles sont alors presque aussi longues que larges ; les plus longues sont depuis $0^{mm},040$ jusqu'à $0^{mm}128$ et au delà (voy. pl. II, fig. 2, 3, 4, 5ᵃ).

2° Les *cellules étroites*, dont le calibre ne dépasse pas $0^{mm},010$. Celles-ci offrent des variétés qui, tout en ayant le caractère commun d'étroitesse et de longueur qui les a fait appeler *hypha* ou filaments, doivent être facilement étudiées à part. On peut aisément distinguer cinq variétés.

a. Cellules longues, étroites, de calibre à peu près égal, contenant un plasma homogène réfringent à reflet, jaune-paille, qui remplit la capacité cellulaire de manière à masquer l'épaisseur de la paroi, ou quelquefois un plasma granuleux et riche ; leur calibre est de $0^{mm},004$ à $0^{mm},005$. C'est à cette catégorie que se rattachent les cellules de la base du pédicule en rapport avec le bois de l'arbre qui sert de support à la Fistuline, et qui n'ont quelquefois que $0^{mm},003$; les cloisons de ces dernières sont assez rapprochées, et leur plus grand axe est en général de $0^{mm},060$. Elles constituent en grande partie le tissu du réceptacle à son premier âge, lorsqu'il n'a encore que quelques millimètres. Elles sont figurées planche II, fig. 1 et 1ᵇ.

b. Cellules de même forme, qui se distinguent des précédentes par l'irrégularité de leur trajet et de leur calibre, par l'éloignement très-grand des cloisons qu'elles présentent, et qui doivent être comprises parmi les cellules laticifères reconnues tout d'abord chez les Lactaires. Les unes ont un contenu homogène réfringent à reflet jaune très-clair; les autres ont un aspect analogue ou sont granulées, mais elles offrent une coloration qui varie de l'orange au rouge souvent très-intense. Je réunis les unes et les autres sous le nom de *réservoirs à suc propre*, mais j'appellerai les dernières, pour la facilité de la description, *cellules chromogènes*, le nom de « réservoirs à suc propre » devant prendre une signification plus étendue, et désigner aussi des cellules plus ou moins irrégulières, qui contiennent un plasma riche, sans coloration rouge spéciale, et dont les cloisons ne se rencontrent qu'à des distances indéterminées. Elles donnent souvent naissance à des branches très-ténues, de sorte que leur calibre varie depuis $0^{mm},002$ jusqu'à $0^{mm},005$, qui est la largeur moyenne, et jusqu'à $0^{mm},008$. Quelques portions renflées atteignent $0^{mm},010$, et j'en ai vu une de $0^{mm},013$.

Elles sont quelquefois variqueuses, et leur direction est tantôt rectiligne, tantôt irrégulière, contournée ou spiralée, suivant les zones du réceptacle où on les considère; enfin elles s'anastomosent sans pour cela se cloisonner vers les points où naissent les prolongements anastomotiques (voy. pl. II et III).

c. Cellules longues présentant un calibre moyen de $0^{mm},003$ à $0^{mm},009$ uniforme, remplies d'un protoplasma toujours granuleux, et dont les globules sont petits et à contour très-accusé. Les cloisons qui se présentent sont à intervalles éloignés environ de $0^{mm},080$. A cette variété se rattachent les cellules qui forment les tubes hyménophores (voy. pl. VI, fig. 4 et 5).

d. Cellules à parois fines, allongées, à protoplasma riche finement granuleux, fusiformes ou présentant un renflement assez net, mesurant de $0^{mm},001$ à $0^{mm},003$ et $0^{mm},005$ dans le renflement, où s'observe souvent un globule graisseux formant nucléole beaucoup plus gros que ceux qui font partie du protoplasma des cellules. Ce type de cellules ne se rencontre que dans la zone supérieure du chapeau et a la plus grande analogie avec les cellules qui portent des conidies (voy. VII, fig. 11).

e. Cellules du tissu trémelloïde, semblables à celles de la volve des Phalloïdés, d'un calibre uniforme de $0^{mm},003$, quelquefois sensiblement élargies aux cloisons; leur direction est généralement courbe; leur contenu, homogène, transparent ne laisse pas nettement distinguer la paroi, qui est épaisse, ainsi que permet de le constater une coupe transversale. Les cloisons sont situées à des distances variables, environ à $0^{mm},050$ et souvent beaucoup plus. On rencontre ces cellules à la périphérie du réceptacle et surtout à la partie supérieure du chapeau, auquel elles communiquent la viscosité qui lui est propre par les temps humides et lorsque le revêtement externe et les petites houppes furfuracées se sont détachées.

Toutes les cellules que je viens de décrire sont colorées en jaune par l'iode, soit employé en teinture, soit par la solution du chloroiodure de zinc. L'intensité de cette coloration est variable; elle est en rapport avec la richesse plasmatique du contenu, la membrane isolée se colore en jaune doré très-clair. Sur aucune d'entre elles on n'obtient de coloration bleue, quel que soit le traitement qu'on leur ait fait subir, tel que séjour dans l'eau à diverses températures, dans les acides, dans les alcalis, dans l'alcool ou l'éther, etc.

La glycérine produit, comme sur beaucoup de cellules végétales, la séparation très-nette du protoplasma d'avec la paroi interne de la membrane cellulaire, pourvu que son action n'ait pas été continuée trop longtemps. Nous étudierons, à propos du protoplasma, les diverses réactions chimiques qu'il présente.

§ 3. Distribution des cellules dans les différentes zones du réceptacle. — A la base du pédicule, au point où il adhère au bois qui lui sert de sol nourricier, les cellules appartiennent à la variété *a* du second type, rectilignes, parallèles, légèrement renflées à l'extrémité par où elles touchent le bois, non ramifiées, présentant des cloisons et un protoplasma riche, souvent homogène huileux. Sur une coupe transversale, on reconnaît qu'à une faible distance de l'origine du pédicule, ces cellules ne tardent pas à changer de calibre. Elles sont très-inégales, et des cellules larges se montrent déjà en grand nombre; elles se ramifient et ont perdu leur parallélisme, bien que leur direction générale soit de bas en haut dans le sens de l'axe longitudinal du pédicule; un certain nombre divergent, croisent celles-ci horizontalement pour se terminer en cul-de-sac à la surface externe du pédicule. Si l'on fait une coupe longitudinale tout près de la surface du pédicule, elle montre la section des cellules perpendiculairement à leur plus grand axe (fig. 3, pl. II), exactement comme si la coupe avait été conduite vers le milieu du pédicule dans le sens horizontal; la courbe suivant laquelle s'infléchissent les cellules pour devenir horizontales, de verticales qu'elles étaient d'abord, est exactement indiquée par la direction des veines pâles que j'ai déjà signalées dans le tissu du réceptacle.

Lorsque le chapeau est bien formé, les cellules de la partie médiane ont un calibre plus grand; elles appartiennent au type n° 1. Sur une coupe médiane suivant

l'axe antéro-postérieur, on peut distinguer trois zones non séparables anatomi-
quement, mais qui présentent à l'analyse microscopique une prédominance de tel
ou tel groupe de cellules : la zone médiane, la plus considérable, qui peut, suivant
l'épaisseur totale du chapeau, être deux, trois et quatre fois plus large que les
deux autres ; la zone supérieure et latérale, de dimension assez variable ; et la zone
inférieure, qui supporte les tubes hyménophores, et qui n'est, à celle du milieu, que
comme 1 est à 6 ou comme 2 est à 20.

Zone médiane. — C'est dans la zone médiane que dominent, nous l'avons dit, les
cellules de grand calibre; elles y forment un feutrage (fig. 2, pl. II) dans lequel on
distingue une direction générale des filaments cellulaires dans le sens antéro-postérieur ; quelques-uns se dirigent latéralement, d'autres vers le haut, d'autres
vers le bas, ce qui donne cinq directions différentes ; mais l'examen anatomique
confirme le fait d'une direction prédominante, que l'aspect de la déchirure du tissu
et le sens dans lequel elle s'opère le plus facilement indiquent déjà (Pl. II, fig. 4).
Des cellules de petit calibre appartenant aux variétés *b* et *c* parcourent ce feutrage,
et l'on peut en voir qui naissent directement des cellules de grand calibre. On y rencontre aussi des cellules chromogènes. Il n'y a du reste rien de particulier à noter
sur les grandes cellules : la pauvreté du protoplasma chez bon nombre d'entre
elles indique qu'elles sont peu actives dans les phénomènes d'accroissement total
et de végétation du réceptacle; c'est à la périphérie du réceptacle qu'ils paraissent
reportés. Il en est de même, on le sait, chez un grand nombre d'Hyménomycètes
charnus, chez les Agaricinés en particulier, chez lesquels le centre du pédicule et
du chapeau est formé de cellules plus grandes, plus pauvres, et qui tendent même
à disparaître chez certaines espèces, pour laisser à leur place une cavité centrale.
Chez les Polypores subéreux, il n'en est pas ainsi, les cellules filamenteuses qui les
composent ont sensiblement le calibre et la même composition au centre et à la
périphérie du réceptacle.

Zone inférieure. — Elle est formée de cellules étroites naissant de cellules
à grand calibre; leur intrication est ici complexe, par suite du changement de
direction qui, dans l'ensemble du tissu, devient verticale pour donner naissance
aux tubes hyménophores de la surface inférieure du chapeau. Les cellules étroites,
à plasma, abondant qui doivent former ces tubes, naissent de cellules larges,
courtes et ventrues qui deviennent étroites en conservant les cloisons rapprochées

à leur origine. On trouvera plus loin ce qui se rattache au développement de ces tubes. Les cellules chromogènes sont abondantes à la partie supérieure de cette zone; elles s'y présentent contournées et entortillées; mais dans la partie inférieure, là où les tubes prennent naissance, on n'en rencontre plus, ce qui explique la teinte pâle de cette partie, ainsi que des tubes hyménophores.

Zone supérieure, ou plus exactement (*supéro-latérale*). Les cellules de cette zone forment un lacis dans lequel on distingue une tendance générale de ces éléments à prendre une direction perpendiculaire au plan de la surface du réceptacle; on y retrouve tous les types de cellules. Toutefois les cellules à grand calibre qui dominent dans la zone médiane ne s'y retrouvent que dans des individus arrivés à une grande dimension et à la période la plus avancée de leur développement. La masse principale du parenchyme est formée de cellules étroites à protoplasma dense et granuleux, naissant de cellules plus grandes, et qui, sauf l'absence d'une direction rectiligne et bien déterminée, sont analogues aux cellules des tubes hyménophores. Des réservoirs à suc propre homogène, réfringent et transparent, ou sous forme de cellules chromogènes, s'y présentent en abondance; ils ont une grande tendance à prendre dans cette région des directions contournées, entortillées, spiralées, et arrivent jusqu'à la surface du chapeau. Ils s'anastomosent fréquemment (1). Pour voir l'ensemble du réseau qu'ils forment par ces anastomoses, il faudrait faire des coupes d'une trop grande épaisseur, et cette étude deviendrait impossible; mais on se rend très-bien compte de son existence en faisant macérer quelques portions de tissu, dans lesquelles une dessiccation préalable a concrété et durci le contenu des réservoirs à suc propre; ils résistent plus longtemps à l'action de l'eau, et lorsqu'on écrase une portion de ce tissu sous le microscope, on saisit une disposition générale de mailles formées par les cellules chromogènes.

Dans la partie supérieure de cette zone, partie plus ou moins développée suivant les échantillons, le type de cellules qui domine à l'exclusion de tous les autres, sauf les cellules chromogènes, est celui des cellules que j'ai appelées cellules du tissu trémelloïde, type qui a été décrit plus haut. Elles sont hygroscopiques et se comportent comme les cellules qui donnent le mucilage, soit chez les Cryptogames,

---

(1) M. Hoffmann, de Giessen, a très-bien rendu compte de l'aspect tout à fait comparable de l'enchevêtrement des cellules à latex des Lactaires dans ses *Icon. anat. Fungorum*, fasc. II, p. 13.

soit chez les végétaux supérieurs. Leur grande abondance chez certains individus explique la propriété qui a fait donner au *Fistulina hepatica* le nom de Glu de Chêne. La couche qu'elles forment n'est point surajoutée et distincte des couches inférieures, et, si elles permettent la séparation du revêtement épidermique d'avec le tissu du parenchyme du chapeau, ce n'est qu'en se divisant elles-mêmes par suite de leur fragilité naturelle. A l'examen microscopique, on reconnaît que les cellules trémelloïdes naissent directement des autres cellules du parenchyme, et même de celles à grand calibre. Cette observation est surtout facile à faire dans les points où ces cellules sont en moindre abondance, dans le pédicule par exemple, au moment où il va se confondre avec le chapeau. Les cellules du tissu trémelloïde perdent parfois l'aspect transparent et homogène qu'on leur connaît dans les Champignons dont elles forment l'élément fondamental, pour se remplir d'un proto-plasma finement granuleux, lorsqu'elles donnent naissance à des poils ou à des conidies. Le même phénomène s'observe chez les Trémelles ou les Exidies, au voisinage de l'hyménium. Si on les soumet à l'action de l'acide chlorhydrique, on remarque aussi que leurs extrémités libres en cul-de-sac présentent de fines granulations à l'intérieur. Le tissu trémelloïde ne se rencontre pas dans les récep-tacles dont le chapeau n'est pas encore formé ; il prend un développement consi-dérable dans une variété de *F. hepatica* dont Saint-Amans a fait une espèce sous le nom de *F. sarcoides* (*Flore agenaise*, p. 546).

On rencontre quelquefois une forme de cellules tout à fait spéciale à cette zone, décrite sous le type *d* et figurée planche VII, fig. 11. Ces cellules, toujours étroites, à parois fines remplies d'un protoplasma sans vacuoles, à granulations fines et nombreuses, présentent sur un, plus rarement sur plusieurs points de leur parcours, un renflement brusque d'environ $0^{mm},006$ de diamètre. Quand ces cellules atteignent une grande longueur, ce renflement est moins net et la cellule tend à devenir fusiforme, comme on le voit figure 11 ; elles naissent des autres cellules qui forment le tissu de cette zone et dont le diamètre est supérieur. Je n'ai pu qu'à grand'peine me rendre compte de l'origine et de la vraie nature de ces cellules dont la forme si particulière sollicitait vivement mon attention ; elles m'ont permis de reconnaître un fait très-curieux dans la morphologie de ce Champignon. On en trouvera l'étude détaillée au chapitre IV, qui traite du développement du récep-tacle et des conidies.

Je n'ai pas séparé l'étude du pédicule de celle du chapeau, mais il est bon de faire observer que la distinction des trois zones que je viens de décrire ne s'applique point au pédicule : celui-ci, ne portant pas de tubes hyménophores, n'a pas de zone correspondante à la zone inférieure du chapeau; il serait même fort difficile d'établir des distinctions de ce genre dans le pédicule, dont les éléments sont confondus d'une manière assez uniforme, cellules à petit calibre dans l'état de jeunesse, passant à l'état de cellules larges, entremêlées de cellules à petit calibre, de réservoirs à suc propre *et de cellules chromogènes*; ces trois derniers types ayant une tendance à prédominer vers la périphérie, qui correspond à la zone décrite ci-dessus comme zone supérieure dans le chapeau.

Une conclusion précise à tirer de l'étude que nous venons de faire, soit des cellules, soit de leurs parcours et de leurs rapports dans les différentes zones, c'est que toutes les cellules que nous avons distinguées : larges, étroites, à suc propre, chromogènes, trémelloïdes, etc., ne forment pas des systèmes distincts par leur origine, ou bien qui, ayant une *origine commune*, s'isolent plus tard en formant des groupes distincts, comme seraient les fibres ligneuses et la moelle, les fibres du liber et les cellules subéreuses par exemple. Ici les cellules différentes par leurs dimensions, leurs formes, leur contenu, passent les unes dans les autres; elles apparaissent, il est vrai, dans un certain ordre, mais elles restent toujours en connexion directe. Toutes mes observations sur les *Hymenomycetes pileáti* Fr., dont les cellules sont les plus différenciées, comme les Lactaires et les Russules, m'ont montré la même disposition chez ces Agaricinés que dans les Fistulines. En cela je ne suis pas de l'avis de M. Hoffmann, qui verrait volontiers dans les cellules à grand calibre des Russules une formation de parenchyme spécial (*Icon. anal. Fung.*, Heft II, p. 13).

§ 4. **Réservoirs à suc propre**. — Les cellules qui entrent dans la composition du réceptacle ont été rangées en plusieurs types (voyez § 1) que nous avons vus passer de l'un à l'autre dans les zones fictives dont l'étude précède. Quelle que soit la difficulté de donner un caractère précis exclusivement propre à chaque type de cellules, il faut reconnaître qu'il y en a tout un système dont la forme et le contenu frappent tout d'abord et tranchent sur le tissu du réceptacle; c'est ce que nous avons appelé les réservoirs à suc propre. Ils se distinguent des cellules environnantes non-seulement par la coloration souvent intense de leur contenu, mais aussi par les

sinuosités qu'ils présentent dans leur parcours, par une certaine tendance à la formation de poches variqueuses ou de bosselures et d'anastomoses très-courtes ou à
longs réseaux. Ces caractères nous frappent moins, quand ils se rencontrent dans
les autres cellules d'un calibre semblable, parce que celles-ci ne contiennent pas un
liquide fortement réfringent ou coloré qui permette de les suivre, comme on suit
avec plus de facilité sur un tissu animal les vaisseaux injectés par une substance
colorée. On peut cependant s'assurer par une dissection attentive que les caractères
tirés de la direction sinueuse, des anastomoses, de l'état bosselé, qui sont fréquents
et presque la règle chez les réservoirs à suc propre, sont l'exception pour les cellules
ordinaires de la trame du tissu. L'absence ou le très-grand éloignement des cloisons, qui fait de ces réservoirs comme un passage aux vrais vaisseaux, n'est pas un
caractère exclusivement propre aux réservoirs à suc propre, ainsi qu'on peut s'en
convaincre en examinant la figure 1 de la planche III : cette figure reproduit une
cellule mesurant 2 millimètres et demi de longueur sans offrir aucune trace de
cloison ; il faut noter que, malgré toutes les précautions employées, les extrémités
en *e* sont rompues, et que nous n'avons pas la longueur totale. Cette cellule,
prise dans le chapeau d'un *Fistulina hepatica*, présente tous les calibres ; elle est
très-pauvre en protoplasma dans les portions larges et plus riche à l'extrémité
et dans les deux bifurcations étroites rompues.

En cherchant quelle est l'origine des réservoirs à suc propre, on les voit prendre
naissance de cellules étroites dans lesquelles le protoplasma se concentre peu à peu,
soit en gardant une teinte jaune clair, soit en se chargeant en même temps de matière colorante rouge, ainsi que l'indiquent les figures 12 de la planche VI, 4 de la
planche III ; des cloisons se forment en général dès que cette tendance à la concen-
tration du suc propre s'est établie : on les voit notamment figures 4, 6, 7,
planche III.

La cloison semble parfois prendre un accroissement assez grand pour faire saillie
dans l'intérieur de la cellule contiguë, ainsi qu'on le voit figure 7, planche II ; mais
c'est un fait qui se reproduit dans les autres cellules du parenchyme (voy. pl. II,
fig. 2), et qui n'est peut-être qu'un cas particulier des formations qui caractérisent
les cellules à boucles.

L'extrémité libre du réservoir à suc propre est tantôt en cul-de-sac, souvent
très-élargi, tantôt en forme de bec recourbé, et ces terminaisons variées annoncent

la tendance, soit au changement de direction, soit au changement de calibre, soit même, nous semble-t-il, aux anastomoses. Les anastomoses, très-courtes, telles qu'on peut en voir un exemple dans la figure 11, planche III, ne nous paraissent nullement produites par le mécanisme habituel, si facile à voir dans certains mycéliums et décrit par M. de Bary (*Morphol. und Physiol. der Pilze*, p. 16).

Une terminaison très-fréquente des réservoirs à suc propre est celle qui est figurée planche III, *figure 11*, mais réduite, et que je reproduis ici à un grossissement plus fort. Si l'on suppose que les extrémités de la partie *dc* (n° 1) s'allongent dans les deux sens indiqués par les deux pointes de la flèche, tandis que l'extrémité *a* s'allonge de son côté, on aura la figure 2, qui n'est point fictive, et que l'on *retrouve de temps en temps*; on comprend quels intermédiaires nous amèneraient à l'anastomose de la figure 11 mentionnée ci-dessus. Les deux directions opposées de croissance ne se produisent pas

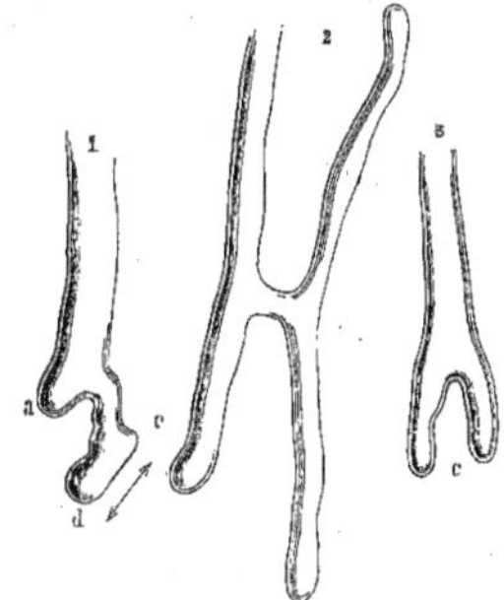

Fig. A. — Extrémités de réservoirs à suc propre.

nécessairement dans le même plan. Les directions inverses peuvent être dans des plans différents, et latérales par rapport à l'axe du réceptacle. Du reste, il n'y a pas d'expériences précises sur le mode d'accroissement des réceptacles fongiques, soit en hauteur, soit en diamètre, et l'on rencontre assez souvent des ramifications de cellules dirigées dans deux sens inverses, et montrant *leurs* extrémités libres aux deux pôles opposés de l'axe de la cellule qui leur a donné naissance ; une direction de croissance régressive, par rapport au mouvement général d'accroissement du réceptacle, déterminé depuis une base, qui est le point d'insertion du pédicule sur le sol nourricier, jusqu'au pourtour libre du chapeau, ne nous semble donc pas inadmissible pour quelques branches des réservoirs à suc propre, quand nous en avons l'indication pour d'autres cellules.

Quant aux anastomoses que j'appellerai à longue portée, elles ne me paraissent qu'un fait de ramification, de sorte qu'il n'y aurait dans ces diverses anastomoses aucun phénomène de soudure avec disparition des parois mitoyennes. Il se présente des phénomènes de soudure longitudinale entre deux parois de cellules accolées, mais sans résorption des parois. La figure 3, planche III, en indique une réalisée entre un réservoir à suc propre et une branche issue de lui; cette soudure est incomplète. La figure 7, planche II, en montre une autre entre une cellule ordinaire et un réservoir à suc propre. Enfin la figure 5 *b*, planche II, reproduit deux cellules du parenchyme issues d'une même cellule et soudées parallèlement·

Des ramifications sans cloisonnement, comme celles indiquées planche II, fig. 8, peuvent très-bien, en s'allongeant, se répétant, changeant de direction, rendre compte des effets simulant des anastomoses qu'on rencontre sur le parcours de ces cellules. Un mode de ramification rare chez les cellules fongiques, ainsi que le constate M. de Bary (*Morphol. und Physiol. der Pilze*, p. 15), est la bifurcation directe du sommet de la cellule : les réservoirs à suc propre présentent quelquefois cette disposition, figurée en *c*, 3. L'extrémité libre de ces cellules affecte, du reste, souvent les formes les plus bizarres.

Les réservoirs à suc propre ne présentent que très-rarement des cloisons sur leur parcours. Ce fait tient-il à ce qu'ils sont le produit de l'allongement d'une même cellule, ou bien à une destruction subséquente des cloisons? Je n'ai surpris aucun fait qui pût être favorable à cette seconde hypothèse, et je suis disposé à admettre la première, qui a été défendue, comme on le sait, par M. David (1) pour la formation des vaisseaux laticifères chez quelques plantes phanérogames. Les observations citées par M. Trécul (2) sont trop précises pour qu'on puisse douter que dans un grand nombre de plantes les laticifères se forment par fusion de cellules; mais il ressort évidemment de l'ensemble des travaux modernes sur cette question que les laticifères ne peuvent être ramenés à un mode de développement uniforme et qu'on est bien forcé d'admettre des origines très-diverses pour ces vaisseaux.

Les rapports que M. Schultz a pensé exister entre les laticifères des Phanérogames et les réservoirs à suc propre des Agarics ou Lactaires ne nous paraissent pas douteux, et ceux-ci ont leurs analogues chez les Agarics non laiteux et les autres Hyménomycètes charnus, dans les cellules que je décris ici. Les rap-

---

(1) G. David, *Ueber die Milchzellen der Euphorbiaceen, Moreen, Apocyneen und Asclepiadeen*. Breslau, 1852.

(2) Trécul, *Comptes rendus Acad. des sc.*, décembre 1860 ; mars, juin, novembre, décembre 1865. — *Ann. des sc. nat.*, 5e série, t. V, VI, VII.

ports que présentent ces organes sont de trois sortes : rapports de contenu (nous les étudierons plus loin à propos du protoplasma), rapports de structure histologique, rapports de situation. La tendance que j'ai signalée comme caractéristique des réservoirs à suc propre, chromogènes ou non, à l'inégalité, aux bosselures, aux directions contournées et à l'éloignement indéfini des cloisons, se retrouve chez les Lactaires. La figure de M. Schultz (1) n'en donne point une idée ; mais celle que M. Boudier a publiée (*Des Champignons au point de vue de leurs caractères usuels, chimiques et toxicologiques*, 1866, pl. II, fig. 4) en fournit un excellent exemple, et on les croirait pris dans une Fistuline, tant la forme représentée par cette figure est fréquente chez notre Champignon. Un Agaric qui contient un suc aqueux et non laiteux, l'*Ag. dentatus* L., a ses réservoirs à suc propre remplis d'un liquide qui prend à l'air une teinte noire foncée, et permet de suivre le parcours de ces organes au sein d'un tissu transparent et fragile ; ils sont le plus souvent spiralés et présentent des inégalités de calibre dans le chapeau ; il en est de même dans l'*Ag. olearius* DC., l'*Ag. ceraceus* Sow., etc. L'abondance des réservoirs à suc propre vers la périphérie du réceptacle n'est pas moins remarquable, soit qu'on les envisage chez les Lactaires, soit qu'on les étudie chez les Hyménomycètes non laiteux, comme l'*Ag. dentatus* L. ou la Fistuline.

Le contenu des réservoirs à suc propre est le plus souvent coloré en rouge plus ou moins foncé dans le *Fistulina hepatica*, et j'ai désigné sous le nom de cellules chromogènes ceux qui sont ainsi colorés ; mais la faculté de produire une substance colorante ne change rien aux dispositions habituelles et aux caractères des réservoirs à suc propre, ainsi qu'on peut s'en convaincre dans le tissu du *Fistulina pallida*, qui ne contient presque pas de cellules chromogènes, mais qui présente des réservoirs à suc propre, homogène, réfringent, légèrement teintés de jaune. La figure 8, planche III, montre du reste un réservoir à suc propre ne présentant dans le milieu que la teinte propre au protoplasma huileux des Champignons et qui devient chromogène aux deux extrémités ; il n'y a donc pas en réalité deux systèmes différents (2).

---

(1) Schultz, *Mémoire pour servir de réponse, etc.*, 1833, p. 49 (pl. I, fig. 1, 2).

(2) La même chose s'observe chez les Phanérogames, et l'on sait que la matière colorante n'est pas contenue dans des cellules spéciales ; elle accompagne le latex ou la chlorophylle, ou bien se rencontre dans des cellules épidermiques.

Les réservoirs à suc propre envoient fréquemment des branches plus fines dans le tissu. M. de Bary le constate dans les Lactaires. Il en est de même dans les Fistulines (la coupe figurée pl. III, fig. 13, prise sur un individu jeune, près de la surface, nous montre la section des cellules du parenchyme); les gros troncs des réservoirs à suc propre suivent une direction à peu près parallèle à ces cellules, mais les ramifications plus fines suivent une direction perpendiculaire à celle des gros troncs et des cellules du parenchyme, sans rester cependant toujours dans le même plan, ce qui fait que la coupe les interrompt et ne peut pas indiquer leur terminaison. La figure 14 présente une de ces fines ramifications, très-grossie, ainsi que les cellules environnantes; on peut voir que les directions courbes de la cellule chromogène sont subordonnées à la présence des cellules du tissu qu'elle croise, comme un fil passant alternativement dessus et dessous le fil d'une trame prend des courbures alternativement inverses; on y voit aussi des portions renflées remplir des espaces intercellulaires, de sorte que la forme générale tortueuse et variqueuse de la cellule chromogène paraît déterminée par la présence des cellules du tissu croissant en sens inverse de cette cellule. Il est bien probable qu'il en est souvent ainsi : il est digne de remarque, en effet, que chez les autres Agarics ou Lactaires, qui contiennent des réservoirs à suc propre, la direction de ces réservoirs, assez régulière dans le pédicule où ils sont parallèles à la direction générale de la plupart des cellules, devient tortueuse près des lamelles, c'est-à-dire au point où les cellules du chapeau subissent des changements de direction en vue de la formation des lamelles. C'est aussi dans les points où les changements de direction sont les plus accusés que les réservoirs à suc propre forment des courbes souvent très-complexes, ou bien lorsqu'ils suivent une direction opposée à la direction générale des cellules. On voit, figure 12, planche III, une cellule chromogène *ab* très-rectiligne, et qui l'était sur une bien plus grande longueur que n'a pu l'indiquer la figure parallèlement aux cellules du parenchyme dirigées en ce point, presque toutes dans le même sens. Les branches nées en *c* croisent cette direction et sont toutes bosselées.

Toutefois ces circonstances ne permettent pas d'expliquer dans tous les cas les dispositions des réservoirs à suc propre. C'est ainsi que l'*Ag. dentatus* L. a le pédicule formé de cellules rectilignes et parallèles. Les cellules chromogènes qui se trouvent à la périphérie du pédicule suivent exactement la même direction que les cellules du tissu qu'elles accompagnent; elles sont cependant très-fréquemment disposées en tire-bouchon.

On a vu plus haut comment se développent les réservoirs à suc propre, et comment ils naissent des cellules à protoplasma ordinaire. Les réservoirs à suc propre peuvent à leur tour donner naissance à des cellules du tissu fondamental à calibre étroit et à protoplasma granuleux (pl. III, fig. 11); seulement il ne se forme pas de cloison entre le réservoir à suc propre et la nouvelle cellule, ainsi qu'on le voit dans cette figure pour les deux branches issues de la cellule chromogène. Il se présente donc une question assez délicate à résoudre : S'agit-il réellement d'une nouvelle cellule à laquelle le réservoir à suc propre a donné naissance, ou bien le protoplasma de ce réservoir s'est-il simplement modifié dans la même cellule? Si l'on adopte cette dernière vue, il devient presque impossible de distinguer les réservoirs à suc propre des autres types cellulaires, puisque, nous l'avons vu plus haut, plusieurs, des caractères histologiques de ces réservoirs ne leur sont pas exclusivement propres et ne peuvent pas être séparés de ceux que fournit le contenu. Cependant j'ai eu l'occasion de noter bien des fois et de dessiner des exemples de réservoirs à suc propre qui présentaient les caractères saillants d'inégalité de trajet tortueux décrits plus haut, et dont les cellules à protoplasma ordinaire qui en étaient issues étaient d'un calibre uniforme et rectilignes, tout en continuant la direction que suivait le réservoir à suc propre. Il y a donc, malgré l'absence de cloison, une distinction à établir entre le prolongement des réservoirs à suc propre ayant subi cette modification de forme et de contenu et le réservoir à suc propre qui lui a donné naissance. La nouvelle cellule se cloisonne plus tard après un parcours souvent assez long et finit par se confondre avec les cellules de la trame du parenchyme.

§ 5. **Surface externe du réceptacle.** — Les cellules de la surface extérieure du réceptacle ne forment pas un épiderme distinct, elles naissent directement des cellules du parenchyme, ou bien forment la terminaison de celles-ci. Ainsi que nous l'avons dit plus haut, il peut arriver, par suite de la fragilité du tissu trémelloïde de la zone supérieure, qu'on enlève comme une sorte de pellicule les cellules superficielles du chapeau ; mais en réalité il n'y a absolument rien qui puisse se comparer à un revêtement épidermique. Les cellules qui en tiennent lieu se dirigent le plus souvent normalement à la surface, quelques-unes sont couchées horizontalement ou obliquement; elles ne forment pas une couche lisse et continue, et toute la périphérie du réceptacle, pédicule et chapeau, est verruqueuse ou papilleuse. A la face inférieure du chapeau se trouvent des tubes qui diffèrent des papilles par leur couleur pâle et leur plus grande longueur; ces tubes seront étudiés dans le chapitre des organes reproducteurs. Les verrues des autres points de la surface externe sont formées par des poils agglomérés en houppes, dans l'intérieur desquelles ils sont agglutinés; ils forment une petite masse solide par suite d'une sécrétion sur laquelle j'aurai à revenir. Ces poils sont unicellulés, non ramifiés, à terminaison renflée ou fusiforme; leur protoplasma est fréquemment plus coloré que celui des cellules dont ils sont nés : il présente d'ordinaire la teinte rouge foncé qui est propre aux cellules chromogènes, dont quelques-uns sont la terminaison, ainsi qu'on peut le voir dans la figure 13, planche V. Quand ces houppes pileuses sont encore jeunes, elles sont formées de poils parallèles qui se recouvrent en se courbant légèrement en dedans; elles ont alors la plus grande analogie avec les tubes hyménophores au même âge; plus tard, les poils divergent et la houppe pileuse prend la forme d'une rosette ou d'un éventail, comme le montre la silhouette de quelques-unes de ces houppes représentées figure 12, planche V. De très-bonne heure les poils, qui sont répandus partout et forment déjà de petits faisceaux à la base du pédicule, laissent exsuder à travers leur membrane une substance qui se concrète et durcit à l'air; rarement elle reste jaune, elle est ordinairement rouge foncé, comme le protoplasma des cellules chromogènes. La membrane, tout en laissant échapper la substance colorante, ne se colore jamais, ainsi que permettent de le constater des vacuoles ou des retraits du contenu de la cellule (fig. 9, pl. II). Il est facile de reconnaître que les cellules pileuses à suc coloré ou non coloré naissent indifféremment des cellules larges, des cellules étroites, des réservoirs à suc propre et des cellules du tissu trémelloïde. On voit (pl. V et VI) des poils d'un calibre moyen de $0^{mm},005$ naître tantôt de cellules qui ont deux fois ce diamètre, tantôt de cellules qui ont un diamètre moitié moindre. Quelle que soit leur origine, les poils peuvent concentrer à leur intérieur les substances contenues dans le protoplasma des cellules du réceptacle: c'est ainsi que nous voyons, figure 2, planche IV, un poil né d'une cellule tout à fait incolore, rempli de protoplasma coloré et sécrétant une portion de ce contenu.

Chez les individus de grande dimension, développés dans une atmosphère

humide, on voit la surface extérieure lisse, gluante, en grande partie dépourvue
des petites verrues si caractéristiques formées par les houppes pileuses. Ce fait me
paraît trouver son explication dans l'accroissement du tissu trémelloïde, qui, soit
par son développement normal, soit par un gonflement hygroscopique, rompt la
couche externe non extensible et rendue cassante par l'exsudation des produits
colorés cassants ; il en résulte une sorte de perte de substance qui ne se répare
pas et qui amène à la surface les cellules du tissu trémelloïde. C'est surtout au
pourtour externe du chapeau, et à partir de là jusque vers sa portion médiane,
que se produit cet accident, c'est-à-dire dans la portion la plus récemment accrue.

II

ORGANES DE REPRODUCTION.

§ 6. **Tubes hyménophores.** — La surface inférieure du chapeau présente des
tubes cylindriques, creux, serrés, mais non adhérents les uns aux autres. Ils tranchent sur l'ensemble du réceptacle par leur coloration pâle blanchâtre, tirant sur
le gris ou le jaune, coloration qui se prolonge sur une portion très-limitée du pédicule adjacente à ces tubes. Cette couleur se teinte quelquefois d'orangé, de rose,
de rouge, et finit par prendre, lorsque le Champignon vieillit ou se dessèche, la
même teinte rouge brun que le reste de la surface du chapeau. Si l'on étudie ces
tubes chez un individu bien développé, on voit qu'ils ont en moyenne une longueur
de 3 à 5 millimètres. Ils sont, ou régulièrement cylindriques, ou légèrement
bombés au milieu en barillet ; leur base est intimement adhérente au parenchyme
du chapeau, contrairement à ce qu'a avancé Gleditsch. Leur sommet libre est
à la maturité légèrement étalé en collerette et présente un orifice, de sorte que la
surface inférieure du chapeau des Fistulines a l'apparence poreuse de la surface
inférieure du chapeau d'un Polypore ou d'un Bolet.

A un faible grossissement, on reconnaît, soit sur une coupe, soit par transparence, que la cavité régulièrement cylindrique du tube qui est ouverte à l'extrémité
libre de ce tube se termine en dôme à la base. Ce fond de la cavité intérieure
ne correspond pas toujours exactement au point où le tube émerge du parenchyme
du réceptacle : tantôt il paraît se prolonger à l'intérieur du tissu, comme si les

tubes étaient soudés à leur base jusqu'à une certaine hauteur; tantôt au contraire le fond de la cavité est situé au-dessus du point où les tubes se séparent, comme si chaque tube était porté par un court pédicule.

Schmalz a donné une figure représentant grossi un tube qui présente à l'extérieur des *flocci septati*, ce tube doit sans doute se prolonger beaucoup dans la substance du réceptacle, puisqu'un jeune tube à peine développé est représenté attenant à lui vers le milieu de sa longueur totale, ou bien s'agit-il d'un tube ramifié? La figure de Schmalz est tout à fait incompréhensible; et quant aux *flocci septati;* ils n'ont jamais existé, pas plus. que dans les houppes pileuses que l'auteur représente formées aussi par les mêmes *flocci septati.* Il est probable qu'ici cet observateur aura été induit en erreur par le retrait que subit, dans les échantillons secs, le contenu des poils et des cellules chromogènes (1).

Les tubes sont formés par des cellules régulièrement cylindriques non ramifiées, à direction parallèle et verticale. Leur calibre est sensiblement uniforme, un peu plus fort cependant pour les cellules les plus externes que pour celles qui sont à l'intérieur du tube. Les cellules extérieures s'élargissent aussi un peu à leur terminaison au sommet libre du tube, et tendent à prendre une direction divergente lorsque le Champignon est arrivé à sa maturité; de là cet aspect d'une petite collerette qui entoure l'ouverture du tube. Un protoplasma à petites granulations, abondant surtout dans les cellules les plus intérieures, remplit ces cellules; les cloisons sont assez espacées, sauf vers leur origine, à la base du tube; on ne rencontre jamais dans les tubes, ni à leur origine, de cellule chromogène, ce qui explique leur couleur plus claire. Le protoplasma n'est cependant pas absolument transparent, et si, en isolant quelques faisceaux de cellules, on les examine en superposition les unes sur les autres, on observe que le contenu a une teinte rosée tirant sur le jaune ou le brique, qui rappelle tout à fait la couleur des spores.

Les tubes hyménophores apparaissent sous la forme de mamelons formés de cellules qui convergent les unes vers les autres sans aucune apparence d'ouverture et de cavité intérieure; lorsque ces mamelons se sont un peu allongés, tout en conservant la même forme, l'hyménium apparaît et permet de distinguer ce qui sera la paroi interne de la cavité tubulaire; lorsque l'hyménium est tout à fait

---

(1) Éd. Schmaltz, *Fungorum species. Prospectus*, p. 6, fig. 8, 9 et 10.

formé et présente des spores, les cellules du sommet s'écartent, et ainsi se forme l'ouverture par où s'échapperont les spores. Les cellules qui constituent ces tubes naissent de cellules à grand calibre plus courtes que celles de l'intérieur du parenchyme et ventrues. Les figures 1 et 5, planche VI, indiquent cette disposition qui a la plus grande analogie avec celle que présentent aussi chez beaucoup d'Agarics les cellules des lamelles à l'origine de celle-ci. La figure 2 présente une lamelle peu développée d'*Ag. hydrophilus* Bull., et la figure 3, même planche, reproduit l'origine des cellules constitutives des lamelles chez un *Tricholoma* voisin de l'*Ag. vaccinus* Pers.

Tous les observateurs ont du reste remarqué qu'en règle générale, les cellules sous-hyméniales sont des cellules étroites nées de cellules plus larges situées au centre de la lamelle. Les cellules des tubes de la Fistuline peuvent être considérées comme des cellules sous-hyméniales très-allongées, naissant aussi de cellules d'un calibre plus fort.

Lorsque les tubes ont pris par la vieillesse du réceptacle la teinte rouge que présentent toutes les autres portions de la surface du Champignon, il est facile de voir que les cellules des tubes ont laissé exsuder une substance rougeâtre qui agglutine leurs extrémités libres au sommet. Cette sécrétion est absolument semblable à celle que donnent les houppes pileuses de la surface non fructifiante. Dans le *Fistulina pallida* B. et Rav., cette sécrétion m'a paru plus abondante à la base du tube qu'au sommet (1). Du reste, même dans leur jeunesse, les cellules extérieures des tubes hyménophores exsudent une légère couche formant cuticule : l'azotate de mercure rend cette couche manifeste en la séparant de ces cellules sous forme d'un mince enduit jaune vif, finement granuleux.

§ 7. **Hyménium.** — Les éléments de l'hyménium tapissent la cavité intérieure des tubes hyménophores qui viennent d'être décrits. Ces éléments sont des cellules courtes, serrées les unes contre les autres, ayant toutes leur sommet au même niveau ; leur direction est perpendiculaire à l'axe du tube, et par conséquent à celle des cellules qui le forment ; ce dont on s'aperçoit facilement en faisant une coupe

---

(1) Je ne serais pas étonné qu'il n'y eût là que l'effet d'un accident dû à la préparation et au mode de dessiccation qu'avait subi le seul échantillon que j'aie pu examiner.

perpendiculaire à cet axe (fig. 7, pl. VI). On voit dans cette figure la section des cellules constitutives du tube, leur lumière, tandis que les cellules hyméniales se présentent suivant leur plus grand axe. Ces cellules hyméniales ne sont cependant pas insérées sur le parcours des cellules du tube et ne s'en détachent pas comme une branche latérale; les cellules sous-hyméniales s'infléchissent et se recourbent pour porter à leur sommet une ou plusieurs des cellules qui constituent l'hyménium. Les cellules de l'hyménium sont toutes des basides, presque tous fertiles, amincis à l'extrémité par où ils émergent de la cellule sous-hyméniale, élargis à leur extrémité terminale libre, qui forme un dôme surbaissé, quelquefois tout à fait aplati. Les basides stériles ou fertiles mesurent $0^{mm},025$ à $0^{mm},030$ de haut sur $0^{mm},007$ à $0^{mm},008$ dans leur plus grande largeur, et $0^{mm},003$ de diamètre à leur base. Les stérigmates apparaissent sous forme de petits mamelons obtus (fig. 9, pl. VI); ils s'allongent, deviennent rectilignes et arrivent à avoir jusqu'à $0^{mm},005$ de longueur, c'est-à-dire la dimension du plus long diamètre de la spore. Ils sont au nombre de quatre, quelquefois de trois, plus rarement de deux. Les basides situés vers l'extrémité libre du tube hyménophore sont un peu plus grêles que ceux des autres portions de l'hyménium. Les basides sont, ai-je dit, la terminaison des cellules sous-hyméniales : on peut voir par la figure 10, planche VI, que plusieurs peuvent terminer une même cellule; ils forment ainsi un bouquet à son sommet. Les cellules des tubes hyménophores ayant un calibre sensiblement uniforme, on comprend que sans cette disposition, et si chacune de ces cellules ne correspondait qu'à un seul baside, leur nombre diminuerait de la base des tubes vers leur extrémité libre; ils devraient présenter une forme conique, ce qui n'est point; et si le tube est quelquefois un peu plus large à sa base ou dans son milieu, il est le plus souvent régulièrement cylindrique sur tout son parcours.

Les basides sont remplis d'un protoplasma à granulations nombreuses, surtout avant la formation des spores; plus tard les granulations graisseuses diminuent, il se forme de larges vacuoles, et l'on peut suivre cette évolution en comparant les basides figurés planche VI, fig. 8 et 9.

L'hyménium apparaît dans le tube hyménophore quand celui-ci est encore fermé et ne forme qu'un mamelon peu allongé. On aperçoit alors les premiers basides sous forme de cellules renflées, à sommet régulièrement sphérique, dirigées obliquement, surtout les plus voisines du sommet; mais à mesure que le tube s'allonge,

ils prennent leur direction normale, perpendiculaire à l'axe du tube. En isolant
un baside à cet état, on constate que la portion rétrécie est plus longue que la
partie élargie; celle-ci forme une petite tête distincte, dès que la longueur de la
cellule a atteint $0^{mm},018$ à $0^{mm},020$. Bientôt une cloison se forme à la base et sépare
le baside de la cellule sous-hyméniale qui lui a donné naissance. Un gros nucléole
huileux réfringent occupe le centre de la portion renflée, accompagné quelquefois
d'un plus petit au-dessous; le protoplasma qui l'entoure est transparent ou très-
finement granulé vers la cloison basilaire.

. Les Fistulines ne présentent sur leur hyménium rien de comparable aux cellules
appelées cystides par Léveillé. Plusieurs mycologues, M. de Bary entre autres,
considèrent comme des cystides les extrémités des cellules constitutives des tubes
hyménophores qui terminent ces tubes (1) sa nsporter desbasides, et que l'on peut
voir figurées en P dans la figure 4, planche VI. Ces filaments cellulaires ne méritent
guère un nom spécial, puisqu'ils n'ont pas une forme spéciale et différente de celle
que présentent les cellules du réceptacle et de sa surface non fructifiante; on peut
cependant les comparer à des cystides qui, au lieu de s'entremêler aux éléments
de l'hyménium, se trouvent réunies en touffe terminale; les cystides ne sont pas
autre chose en effet que la terminaison d'un certain nombre de cellules sous-hyméniales, très-souvent semblable à la terminaison des cellules ordinaires du réceptacle, soit dans l'intérieur du réceptacle, soit à sa surface non fructifiante. J'ai fait
ressortir ailleurs cette analogie, et j'ai cherché à déterminer par là la nature des
cystides (2). M. de Bary a cité quelques exemples, et notamment ceux qu'on peut
tirer de plusieurs Coprins, et qui sont si démonstratifs. Il me paraît instructif de
présenter deux spécimens qui sont bien faits pour entraîner la conviction. Je les
dispose en un tableau dans lequel la colonne 1 représente des cystides, et la
colonne 2 des terminaisons piliformes ou non des cellules végétatives du réceptacle dans les Champignons dont on a figuré les cystides dans la colonne 1.

Dans le *Russula rubra* Fr., les poils de la surface du chapeau, légèrement clavi-

---

(1) De Bary, *Morphol. und Physiol. der Pilze*, chap. V, traduit in *Ann. des sc. nat.*, 5ᵉ série, t. V, p. 342.
— *Génération sexuelle des Champignons*, p. 365.
(2) *Essai d'une Flore mycol.*, p. 27 (*Ann. des sc. nat.*, 5ᵉ série, 1864, t. I, p. 246; — *Comptes rendus de l'Acad.
des sc.*, avril 1867).

formes, portent, pour la plupart, un petit appendice sphérique translucide, tandis que le contenu du poil est coloré et opaque. Cette forme est exactement celle que présentent aussi les cystides figurées en *cc*. Le chapeau de l'*Ag. hydrophilus* Bull. est lisse, hygrophane, et sa surface est limitée par de grosses cellules aplaties.

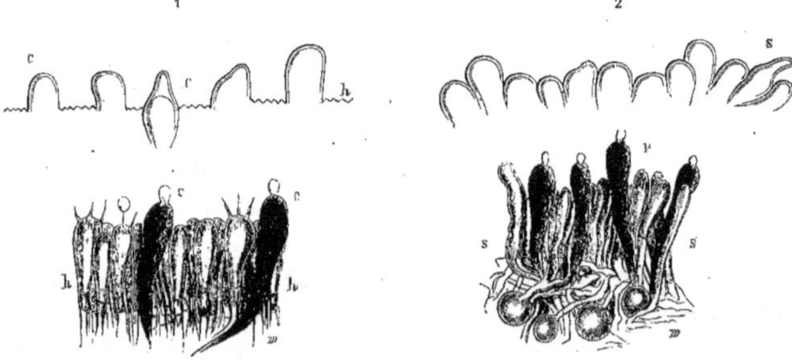

Fig. B. — Cystides et poils d'Agaricinés.

C'est aussi la forme que prennent les cystides, ainsi qu'on peut en juger par une silhouette de l'hyménium reproduite en *hh*; elles ont souvent aussi une forme de bouteille, et nous voyons en *s*, à la surface du chapeau, une cellule présenter aussi la même forme.

Ces deux exemples nous montrent les cas extrêmes : dans le dernier, des cellules peu caractérisées forment la surface du chapeau et se retrouvent à l'état de cystides sur l'hyménium; dans le premier, des cystides à forme très-spéciale apparaissent sur l'hyménium, et cette forme est précisément celle des poils du revêtement externe du chapeau.

J'ai indiqué (1) la faculté que possèdent les cystides de sécréter une partie de leur protoplasma qui se concrète rapidement et qui agglutine des cystides voisines ou opposées. Les Fistulines nous montrent cette analogie dans les cellules terminales des tubes qui laissent exsuder à la maturité une substance rougeâtre, sem-

______

(1) *Comptes rendus de l'Acad. des sc.*, avril 1867.

blable à celle qui agglutine les houppes pileuses, et qui est le produit de l'exsudation des poils. On pourrait sur ce sujet donner de nombreux exemples. Il est impossible de se méprendre désormais sur la signification morphologique des cystides, fort éloignées, comme on le voit, de la haute dignité d'organes reproducteurs à laquelle on les avait élevées.

Connaissant ces faits on peut les exprimer par la construction d'une figure théorique à laquelle se ramènerait le réceptacle des *Basidiosporés ectobasides*. Soit une sphère vue en coupe en POMN, divisée par un équateur MN : la moitié inférieure représente la surface fructifiante; les cellules ou poils épidermiques y apparaissent çà et là, mais leur lieu d'élection est sur la moitié supérieure, où leur rôle protecteur devient

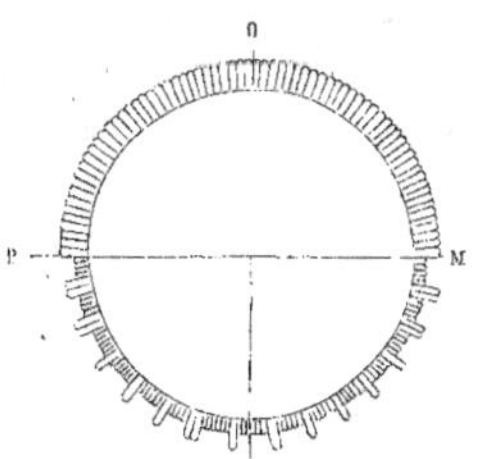

Fig. C. — Type théorique des Basidiosporés ectobasides.

nécessaire. La surface MPN peut devenir concave et s'appliquer contre la face interne du revêtement supérieur (*Cyphella*, *Hirneola*, etc.), ou se plisser en plis, lames et alvéoles, être découpée en dents. On pourra toujours se représenter déplissés et étendus tous ces artifices de multiplication de la surface fructifiante, et en revenir à notre figure théorique, qui met en relief l'homologie primitive des parties du réceptacle.

§ 8. **Spores.** — Les spores sont nombreuses, constituées par une cellule de forme arrondie, oblongue, plutôt cunéiforme qu'ovoïde, et présentant, au point où se termine la partie amincie, un hile apparent malgré les petites dimensions de la spore. Elles ont, dans leur plus grand diamètre, $0^{mm},005$ à $0^{mm},006$ sur $0^{mm},003$ à $0^{mm},004$ pour le diamètre opposé pris à la plus grande largeur de la spore. L'enveloppe, qu'on ne peut dédoubler par des moyens artificiels, est lisse, faiblement colorée quand on la voit par transparence et agrandie, d'une teinte analogue à celle des spores des Agarics de la section des *Hyporhodius*. Vues en masse sur une feuille de papier blanc, ces spores ont une couleur dite brun clair par Fries, mais qui est plutôt saumon ou brique; elle fonce du reste avec le temps, peut-être à mesure que les spores se dessèchent et perdent ainsi de l'eau. Plusieurs auteurs les indiquent comme incolores. Elles sont très-peu colorées à l'état jeune, et peuvent, si l'on n'y fait attention, passer pour translucides.

Le contenu de la spore se compose d'une grosse goutte huileuse centrale qui remplit la plus grande partie de la cavité réfringente, à reflets jaunes très-clairs ou légèrement bleuâtres. Entre la goutte huileuse et la paroi, il y a un liquide transparent ou très-finement granulé. Les réactifs chimiques agissent sur la spore de la même manière que sur les cellules chromogènes.

Les petites dimensions de la spore et du stérigmate qui la supporte ne permettent pas d'étudier son développement, et de se rendre compte s'il est véritablement acrosporé, ou si la spore se forme à l'intérieur du renflement qui termine le stérigmate : pour avoir la preuve directe du fait avancé par M. Hoffmann pour les spores des Basidiosporés (1), il faudrait l'étudier sur des Basidiosporés dont les basides soient plus accessibles et les spores plus volumineuses. Certains *Corticium*, et en particulier le *C. quercinum* Pers., se prêteraient plus facilement à une semblable observation : ses stérigmates volumineux s'amincissent à mesure que la spore se développe, comme la cellule mère de l'*Aspergillus candidus* Lk s'amincit et voit son calibre diminuer au-dessous du point où la spore se développe.

Tout ce qu'il est permis de regarder comme une présomption favorable à ce mode de développement intracellulaire dans les Fistulines, c'est que la spore est avec la conidie la seule cellule dont la membrane soit colorée : celle des basides et de toutes les autres cellules du réceptacle est incolore ; mais ces cellules contiennent en plus ou moins grande abondance un principe colorant, dont on comprend très-bien que soient imprégnés des organes formés par voie endogène, ainsi que cela se voit chez certaines Pezizes, *P. aurantia* Pers. par exemple. On voit dans cette Pezize la substance colorante se concréter, d'une part, dans les paraphyses et entrer dans la composition de la membrane de la spore, qui se teinte légèrement en se formant au sein d'un protoplasma qui contient les éléments de la substance colorante ; tandis que la membrane des thèques, des paraphyses aussi bien que des autres cellules, est incolore. L'expérience suivante m'a montré un principe colorant étranger introduit dans le courant plasmatique, participant à la formation de la membrane sporique. On sait

---

(1) Hoffmann, *Bot. Zeit.*, 1856, p. 153.

que la spore du *Penicillium glaucum* Lk est verdâtre, tandis que la membrane du mycélium et des cellules sporophores est incolore; avec un peu d'attention, on peut remarquer dans le protoplasma un reflet verdâtre d'autant plus prononcé qu'on approche des cellules mères des spores, et qui n'est quelquefois appréciable que dans la cellule d'où naît la cellule mère. En cultivant le *P. glaucum* sur un liquide sucré ou amylacé, contenant de l'urine, on voit le *Penicillium* fixer la matière colorante rouge de l'urine souvent avec beaucoup d'intensité : le protoplasma se colore en rouge, et les spores formées à l'intérieur de ce protoplasma participent de cette couleur, de sorte que la spore, au lieu de sa couleur qui est celle du bronze vert, présente la couleur du bronze rouge, connu sous le nom de bronze florentin. La membrane de la cellule mère des cellules du mycélium est restée incolore comme dans le *P. glaucum*. Si la membrane de la spore se formait aux dépens de celle de la cellule génératrice, de pareils faits seraient difficiles à expliquer; ils deviennent au contraire très-simples quand on admet que la spore se développe dans l'intérieur de la cellule mère aux dépens du plasma coloré, comme pour les Pezizes à spores teintées. C'est ce que nous avons montré pour le *P. glaucum* au congrès de Bordeaux de l'Association française pour l'avancement des sciences (1).

La coloration de la membrane sporique du *Fistulina* ne peut cependant donner qu'une présomption en comparant ce fait à ceux que je viens de citer ; mais il ne peut suffire à une démonstration rigoureuse de sa genèse endosporée, car on pourrait nous objecter l'exemple des cellules à membrane colorée, naissant manifestement de cellules à membrane incolore chez les *Helminthosporium*, *Sporidesmium*, *Sporocybe atra*, etc.

Je n'ai observé aucun phénomène particulier relativement à la dissémination des spores; elle paraît aidée par la dessiccation du réceptacle : en suspendant un réceptacle de Fistuline au-dessus d'une feuille de papier, on ne recueille que fort peu de spores tant que le réceptacle est frais; elles s'accumulent au contraire rapidement dès qu'il commence à sécher.

Des essais très-souvent répétés et variés pour amener ces spores à germer, ont toujours échoué. J'en ai mis de récentes et d'anciennes dans toutes sortes de liquides

---

(1) *Comptes rendus de la première session* (1872), p. 499.

nutritifs ou dans de l'eau, sans jamais rien obtenir, pas même une déformation ou tout au moins un gonflement endosmotique appréciable.

§ 9. **Conidies.** — Un des points les plus curieux de l'organisation du *Fistulina hepatica* est la formation de conidies se développant, comme les spores des Gastéromycètes, à l'intérieur du parenchyme du réceptacle. J'ai déjà eu l'occasion de signaler ce fait; mais j'ai eu depuis lors la bonne fortune de suivre l'évolution du *F. hepatica* depuis l'état très-jeune jusqu'au développement complet du réceptacle : j'aurai donc beaucoup à ajouter et certains détails à modifier sur ce sujet. Dans les Fistulines arrivées à leur complet développement, on peut déterminer une région qui occupe la partie sous-jacente de la surface supérieure du chapeau, et qui, au point qui correspond à l'extrémité supérieure du pédicule, s'étend à une profondeur plus grande qu'au bord périphérique du chapeau. Si l'on fait une coupe suivant l'axe du chapeau et du pédicule, on peut reconnaître que cette région va en s'élargissant d'avant en arrière, le pédicule étant supposé représenter la partie postérieure, ce qui est en effet sa position naturelle lorsqu'on regarde une Fistuline fixée à son support; et elle arrive, dans la partie où elle est le plus développée, jusqu'à plus d'un centimètre de profondeur dans le tissu du réceptacle. Elle ne se prolonge pas jusqu'aux bords du chapeau, elle se termine toujours à 1, 2 ou 3 centimètres de ce bord et quelquefois plus; de sorte que jamais on ne trouve de conidies au voisinage des tubes hyménophores : le bord externe du chapeau marque en effet la limite entre la région extérieure supéro-latérale et la région inférieure ou tubulaire.

Si l'on fait dessécher avec soin, sans les entamer avant dessiccation complète, des réceptacles de Fistuline, et qu'à ce moment on fasse une coupe qui partage à la fois le chapeau et le pédicule en passant par le milieu de l'un et de l'autre, on voit que le tissu est d'une couleur claire à la partie centrale, tandis qu'il se colore fortement si l'on fait la coupe à l'état frais et qu'on la laisse sécher ensuite. La région en question se distingue nettement par une coloration roussâtre qui indique les limites de la production la plus intense des conidies; elle se termine à la partie supérieure par une bande noirâtre d'un demi-millimètre d'épaisseur, qui règne tout le tour de la coupe, sauf au point où se trouvent les tubes hyménophores. Si l'on prend une parcelle quelconque de cette zone et qu'on la porte sous le microscope, on s'aperçoit qu'elle contient une innombrable quantité de petits corps arrondis, ovoïdes, plus ou moins allongés. En les examinant isolément, on voit que ces petits corps sont des cellules qui présentent une enveloppe nettement accentuée, teintée d'une couleur brique ou saumon comme les spores. Il est difficile, à la simple vue, de reconnaître si cette enveloppe est simple ou double; mais, au moment de la germination, elle se dédouble très-nettement et la membrane externe se rompt et se sépare. Le contenu se compose d'une gouttelette huileuse assez grande et souvent d'une plus petite, et d'un liquide transparent qui les sépare de l'enveloppe membraneuse. Ces cellules sont des organes reproducteurs, ainsi que le démontre leur faculté de donner naissance à des filaments germinatifs; je leur ai donné à cause de cela le nom de conidies, auquel je n'attribue d'autre signification que celle d'organes secondaires de reproduction, quelles que soient du reste leur forme, leur structure, leur évolution. Les conidies du *F. hepatica* ont une forme assez variable, mais qui se rapproche toujours de l'ovale plus ou moins allongé ou d'un ovoïde tronqué vers l'extrémité la plus étroite. Leur dimension est de $0^{mm},007$ à $0^{mm},009$ dans leur plus grand diamètre, et de $0^{mm},004$ à $0^{mm},006$ dans la largeur moyenne; les nombres les plus fréquents sont $0^{mm},008$ sur $0^{mm},004$. On rencontre aussi, mais rarement, quelques conidies irrégulières, claviformes, baculoïdes, droites ou courbes, qui présentent depuis $0^{mm},010$ jusqu'à $0^{mm},019$ de longueur.

Les rapports des conidies avec leurs cellules mères, et de celles-ci avec les cellules du réceptacle, sont faciles à suivre même sur des échantillons secs; en les étudiant sur des échantillons frais, de petite taille, jeunes et nullement endommagés, on peut se convaincre facilement, à la première inspection, que ces petits organes n'ont nullement pu pénétrer du dehors dans l'intérieur du tissu de la Fistuline. L'étude anatomique qui va suivre, celle des individus exclusivement gemmipares et celle du développement du réceptacle que nous ferons plus loin, ne laisseront, j'en suis convaincu, aucun doute dans l'esprit.

Les conidies, telles que je viens de les décrire, sont disposées sur des cellules longues ou courtes, mais étroites, fines, et à protoplasma granuleux, qui se divisent en branches courtes à l'extrémité desquelles se trouve une conidie. Ces branches sont souvent nombreuses, et forment ainsi des bouquets de conidies assez élégants; d'autres fois une seule conidie se détache sur le trajet d'une cellule et paraît presque sessile; elle a cependant toujours un court pédicule. Tantôt les cellules conidiophores présentent des cloisons au niveau des divisions en branches fertiles, tantôt elles n'en ont pas. Quelquefois le bouquet de conidies est allongé, et la cellule conidiophore donnant naissance à des conidies alternes sur deux rangs prend l'aspect d'un rachis de Graminée. Il y aurait à noter une foule de variétés, mais il est difficile de décider si ces différences d'insertion des conidies sur la cellule conidiophore sont, si je puis ainsi dire, congénitales, ou bien si quelques-unes d'entre elles sont le résultat de la genèse successive des conidies. Les cellules conidiophores appartiennent au type décrit en *d*, § 1ᵉʳ. Cependant elles sont quelquefois d'un calibre plus fort, et ne se distinguent pas des cellules de toutes variétés du deuxième type, ou cellules étroites, mais elles ne proviennent jamais de cellules chromogènes ou de réservoirs à suc propre. Les figures 5, 6, 7, 8, 11, planche V, nous montrent diverses variétés de cellules conidiophores et leurs connexions avec les cellules du tissu du réceptacle. On voit qu'elles proviennent le plus souvent des cellules étroites, mais rarement cependant de cellules plus étroites qu'elles ; souvent elles prennent naissance des cellules du tissu trémelloïde, comme l'indique la figure 11 *b*. Je n'ai pas voulu me contenter d'avoir constaté la connexion des cellules conidiophores avec les cellules filamenteuses du réceptacle ; dans la crainte que celles-ci ne pussent encore être accusées d'appartenir à un mycélium étranger, j'ai cherché à retrouver le point où la cellule étroite filamenteuse portant une cellule conidiophore était elle-même en rapport avec une cellule de grand calibre : cette recherche m'a souvent réussi, surtout dans les points où la zone conidifère étroite se trouvait rapprochée du système plus profond des grandes cellules, dans le pédicule par exemple, un peu au-dessous de son sommet, et j'en ai représenté une figure planche VI, fig. 6.

On peut constater sur cette figure, et j'ai plusieurs autres dessins semblables pris en différents points, qu'il y a une continuité complète entre les cellules à grand calibre du réceptacle et celles à calibre étroit portant des cellules conidiophores. En réalité, on peut dire que la difficulté n'est pas de reconnaître ces connexions si nettes, mais bien plutôt de trouver quelque part, dans le tissu à son état normal et à cette profondeur, un fragment de mycélium étranger. Je ne puis donc m'empêcher de croire qu'en insistant sur la différence qu'il y aurait entre les cellules conidiophores et celles du tissu de la Fistuline, M. de Bary a rencontré des conidies portées, comme cela arrive fréquemment, sur les cellules du tissu trémelloïde, qui, tout en présentant de fréquentes modifications qui les rapprochent des cellules des autres types, en diffèrent cependant assez notablement, et peuvent faire tomber dans l'erreur, si l'on ne connaît pas les relations de ces cellules avec les autres cellules du réceptacle.

Pour donner naissance aux conidies, la cellule mère, ou cellule conidiophore, se divise, ai-je dit, et chaque division se renfle à son extrémité. Ce renflement augmente, et, dans l'intérieur, apparaît une gouttelette huileuse plus grosse que les granulations du protoplasma qui remplit le reste de la cellule mère; quelquefois cependant, au-dessous apparaissent une ou plusieurs gouttelettes de dimension analogue, qui deviendront le centre des conidies qui se formeront successivement au-dessous de la première. La gouttelette, comme le nucléole central de la spore des Pezizes, est entourée d'un liquide hyalin contenant de fines granulations. Cette portion périphérique du protoplasma sert sans doute à former la membrane interne de la conidie, dont le développement n'est sensible que par l'aspect de son contour plus accusé que n'était celui du cul-de-sac primitif de la cellule mère, et par la formation d'une cloison au point où la conidie se séparera de la cellule mère; à ce moment, la conidie ne contient qu'un noyau réfringent, quelquefois deux, et un liquide hyalin tout autour. Quelquefois, mais exceptionnellement, il redevient granuleux même avant la germination. En saisissant toutes ces périodes de formation, on peut présumer la formation endogène de la conidie, bien que la soudure immédiate de son enveloppe avec la membrane de la cellule mère empêche de le constater d'une manière directe. Cette genèse est presque aussi claire que celle des chlamydospores des *Mucor;* seulement elle est terminale, au lieu de s'opérer sur le trajet d'un filament; il en est quelquefois ainsi pour les chlamydospores, et si l'on n'avait eu à observer que cette dernière variété, je ne sais pas si l'on aurait admis sans contestation leur formation endogène. Toutefois je laisserai encore ici un point d'interrogation, et je ne donnerai point aux conidies de Fistulines le nom de chlamydospores; j'ai montré ailleurs (1) que des spores dites acrogènes ont en réalité un développement endosporé, il faudrait leur donner aussi le nom de chlamydospores. On les a appelées quelquefois conidies, notamment chez les *Aspergillus,* lorsqu'on a découvert chez eux un autre mode de reproduction de la forme thécasporée. On voit quelle confusion crée cette application de noms différents au même corps; aussi

---

(1) *Association française pour l'avancement des sciences, etc.* Bordeaux, t. I, p. 499.

préférerions-nous voir prévaloir les anciennes dénominations, et les chlamydospores des *Mucor*, par exemple, appelées conidies intramycéliennes, jusqu'au jour où l'on pourrait faire une classification rigoureuse de ces différents termes.

Peut-être, si nous voulions caractériser plus exactement les conidies des Fistulines, leur développement angiocarpe tout à fait nouveau, l'analogie de la cellule mère et du baside, de la conidie et de la spore, conduiraient à les appeler des *pseudospores* ; mais il nous semble qu'une dénomination de plus, qui peut flatter l'amour-propre de l'inventeur, loin d'apporter de la précision et de la clarté, ne fait qu'ajouter une confusion de plus dans un sujet déjà assez embrouillé, en faisant perdre complétement de vue les rapports généraux des organes similaires dans les végétaux différents. C'est le motif qui me fait conserver pour les Fistulines le nom de conidies ; ce qui n'empêche nullement de relever, dans la description et dans l'exposé du développement, les caractères tout à fait spéciaux qu'elles peuvent présenter.

Lorsque la conidie est formée, elle se détache de la cellule conidiophore, qui s'est très-amincie au point qui la supporte, et il se forme au-dessous une autre conidie de la même manière, destinée à se détacher à son tour ; quelquefois même la seconde se forme avant que la première se soit détachée, et c'est souvent alors une cause de déformation : cette seconde conidie, ayant ses deux extrémités tronquées, a plutôt la forme d'un bâtonnet, ou bien est un peu coudée, si elle s'est développée en un point voisin de la bifurcation de la cellule conidiophore. Dans tous les cas, ce développement basipète continuant, doit amener, on le comprend, petit à petit, la destruction de la cellule conidiophore, qui ne s'allonge pas à mesure qu'elle donne naissance à de nouveaux corps reproducteurs, comme cela arrive par exemple chez les *Penicillium*. De là deux conséquences. D'une part, les cas dans lesquels nous voyons une seule conidie portée sur un court pédicule émerger d'une cellule de parenchyme pourraient bien être le résultat de la réduction successive de la cellule conidiophore ; toutefois, comme je l'ai observé chez de jeunes Fistulines, je ne crois pas que ce soit toujours le cas. Secondement, dans de vieux exemplaires, il m'est arrivé de rencontrer des lacunes, dont j'ai figuré une très-grossie (pl. V, fig. 1), dans lesquelles toutes les cellules conidiophores ont été employées à la fabrication des conidies, et l'on ne trouve que sur les bords des conidies attenantes à leurs cellules mères ; c'est un de ces bords que représente la figure 2 de la même planche.

Un pareil phénomène pourrait faire croire à la destruction du tissu du Champignon par un parasite étranger ; mais, quand on a recueilli des individus dans lesquels le développement conidien a eu moins d'intensité ou est moins avancé, ce qui frappe au contraire, c'est de voir sur une coupe, soit à la vue simple, soit à la loupe, la parfaite homogénéité du tissu du réceptacle, y compris la zone coni-dienne, à laquelle on ne voit d'autre transition que de légères dégradations de teintes. Cette homogénéité extérieure n'est guère le cas, il faut en convenir, des tissus envahis par un parasite étranger.

Dans le nombre considérable d'échantillons que j'ai examinés jusqu'ici, je n'en ai pas encore rencontré un seul qui ne présentât pas les conidies qui viennent d'être décrites. Non-seulement depuis plus de dix ans j'en ai examiné tous les ans venus de divers points de la France, et en particulier des environs de Paris et des Cévennes, mais j'en ai examiné dans les herbiers, notamment dans la collection Desmazières (2e série), remontant à l'année 1855 ; un autre de l'herbier Maille, datant de 1825. J'aurai voulu en avoir de pays étrangers ; et bien que le *Fistulina hepatica* ne soit rare ni en Angleterre, ni en Amérique, je n'ai pu m'en procurer de ces deux pays. J'en ai vu d'Allemagne. J'ai examiné un exemplaire appartenant à l'herbier Montagne, provenant de Sikkim, dans l'Himalaya ; cet échantillon est abondamment pourvu des mêmes conidies de même forme, ayant les mêmes rapports de position que celles que m'ont toujours offertes les Fistulines de France.

La germination des conidies est difficile à obtenir, et ce n'est qu'après bien des essais infructueux que j'ai réussi à en voir germer ; ce résultat m'a été donné par des conidies qui avaient plus de quatre ans de date. J'avais inutilement essayé des substratum les plus approchés de l'état naturel, comme des infusions de bois de Châtaignier et diverses autres combinaisons liquides. C'est tout simplement l'eau très-légèrement sucrée qui a suffi. Quelques conidies, placées dans ce véhicule entre deux verres le 26 avril 1870, me montrèrent les phases successives de leur germi-nation dans les derniers jours de mai et les premiers jours de juin de la même année ; quelques jours après, des mycéliums étrangers, s'étant insinués par les bords de mon petit appareil et ayant pénétré à l'intérieur, m'obligèrent à arrêter mes observations. Voici ce que je pus observer dans l'intervalle : Après un repos absolu d'environ un mois, plus long pour un certain nombre de conidies qui n'avaient pas encore germé le 3 juin, la membrane interne se gonfle, rompt l'enveloppe externe, se débarrasse de ses débris par l'accroissement considérable qu'elle prend ; elle devient alors régulièrement sphérique et présente un diamètre de $0^{mm},006$ à $0^{mm},009$. Les gouttelettes huileuses, une ou deux, qui existaient dans la conidie avant l'ouverture de la membrane externe, sont toujours visibles et ne paraissent pas avoir subi d'augmentation ; quand il y en a deux, l'une d'elles est toujours plus petite. Le reste du protoplasma est hyalin ou très-finement granulé ; puis le protoplasma tout entier présente une masse de granulations graisseuses plus petites que les gouttelettes primitives qui ont disparu, et la conidie donne naissance à un filament germinatif, plus rarement aux pôles opposés. Souvent il semble qu'elle donne naissance à une conidie secondaire ; le bourgeonnement produit par elle se renfle en s'étranglant légèrement au point où il émerge de la conidie mère ; mais avant de se détacher, ce bourgeonnement sphérique donne naissance au filament germinatif (voy. fig. 10, pl. IV) : je n'ai pas pu suivre son allongement au delà de $0^{mm},120$. A ce moment, il ne m'a présenté qu'une fois une cloison (voy. fig. 10, pl. IV) ; le protoplasma qui le remplit est granuleux, mais ne paraît pas très-riche, ce qui peut être attribué au milieu artificiel dans lequel germaient les conidies ; son diamètre moyen est de $0^{mm},003$.

III

DISTRIBUTION DES LIQUIDES NOURRICIERS ET DES GAZ.

§ 10. **Protoplasma.** — Dans les Fistulines comme dans tous les Champignons, qu'ils soient filamenteux ou charnus, le protoplasma contenu dans les cellules n'est pas partout identique ; il présente des différences dans son aspect physique, que l'on peut résumer dans les quatre états suivants : 1° Liquide huileux, homogène, réfringent, remplissant complétement la cellule, en lui donnant un aspect que M. Hoffmann compare à celui d'une baguette de verre (1). 2° Gouttelettes huileuses arrondies, d'un diamètre variable, mais relativement assez grand, pouvant atteindre presque celui de la cellule dans laquelle on les observe. Ces gouttelettes réfringentes à

---

(1) Il est essentiel de distinguer cette apparence de celle que présentent des cellules à parois épaisses, quelquefois réfringentes, et dont les bords intérieurs de la cavité ne sont rendus visibles qu'en employant des réactifs. Les *Geaster* et divers Hyménomycètes lignicoles présentent de pareilles cellules ; nous en avons vu chez des *Lepiota cepæstipes* Sow. à l'état jeune, qui pouvaient facilement induire en erreur, à cause du reflet jaune clair que présentaient ces cellules.

reflet tirant sur le jaune pâle sont suspendues dans un liquide clair, transparent, aqueux, qui remplit la cellule et est en rapport avec sa paroi, dont il laisse voir le double contour. 3° Le protoplasma présente l'aspect d'une émulsion plus ou moins épaisse qui remplit la cavité de la cellule et lui donne un aspect uniformément granuleux ; sa richesse en gouttelettes huileuses divisées, plus petites que dans la forme précédente, varie, mais il a toujours fondamentalement le même aspect. 4° Le quatrième état correspond à celui que M. Sachs a décrit et figuré dans son traité de Botanique (page 3, fig. 1 B et C), en faisant abstraction du noyau, qui ici n'existe pas : c'est celui où il se forme des vacuoles au sein du protoplasma, qui finit par se réduire à une lame appliquée contre la paroi de la cellule. Le liquide qui remplit la vacuole a la même apparence optique que celui que nous avons vu tenir en suspension les grosses gouttes huileuses dans le deuxième état. Quant à la portion émulsionnée du protoplasma, elle reprend l'aspect homogène d'un liquide huileux, réfringent, ayant la teinte et les autres apparences optiques du protoplasma huileux homogène en masse, ou en gouttes ou globules, décrit dans le premier et le deuxième état. Ainsi deux liquides plus ou moins limpides, plus ou moins épais ou visqueux, tantôt s'isolant en masses d'un volume variable, ayant entre eux des rapports de situation inverse, tantôt mélangés de manière à former une véritable émulsion, tels sont les états successifs par lesquels passe le protoplasma. Si l'on étudie ces phases pendant la germination, on observe qu'elles se présentent précisément dans l'ordre où je viens de les décrire, ainsi que je l'ai déjà fait ressortir dans mes observations sur les Agaricinés.

Je l'ai vérifié depuis lors bien des fois sur des espèces fongiques les plus éloignées, et j'ai toujours retrouvé ces divers états successifs, malgré la rapidité avec laquelle ils peuvent se succéder, et bien que l'un ou l'autre puisse paraître manquer ; ce que l'on peut voir se passer en quelques heures ou en quelques jours, en suivant la spore à partir de son émission de la cellule mère jusqu'à son développement germinatif en un tube cellulaire plus ou moins ramifié, se reproduit exactement dans la végétation d'un parenchyme volumineux comme le réceptacle d'une Fistuline. Les figures 5, 5ᵛ, planche IV, nous montrent ces divers états. On retrouve dans les cellules les états du protoplasma tels que je les ai résumés, et ils sont, avec les cellules qui se développent ou sont arrêtées dans leur accroissement, dans des rapports tels qu'on peut en tirer les conclusions suivantes :

1° Le protoplasma huileux, homogène, remplissant une cellule ou formant des gouttes, globules ou nucléoles relativement grands, entourés de liquide clair ou très-finement granulé, correspond à l'état antérieur à la plus grande activité végétative. C'est l'état de réserve, celui qui correspond à l'emmagasinement de la fécule dans les cellules des végétaux à chlorophylle.

2° Le protoplasma sous forme d'émulsion plus ou moins épaisse, dans laquelle la portion huileuse et le liquide transparent paraissent uniformément mélangés, correspond au moment de la plus grande activité vitale, accroissement des cellules filamenteuses, bourgeonnement des cellules germinatives, formation et accroissement de la spore. Cette règle est du reste commune à tous les végétaux. « C'est ainsi, dit M. Sachs, que très-ordinairement le protoplasma en voie de végétation active, tout en étant par lui-même incolore et hyalin, est troublé par d'innombrables petits granules qui sont probablement de très-petites gouttes d'huile (1). » L'étude des cellules de la plantule des Phanérogames, pendant la germination, nous en offre un très-bon exemple.

3° Le protoplasma à vacuoles claires centrales est un état d'épuisement ou de retour à l'état primitif. La partie huileuse, redevenue homogène et appliquée contre la paroi, est souvent accumulée en plus grande quantité contre une cloison; elle peut y donner lieu à de nouvelles formations ; et les observations que j'ai pu faire sur les Fistulines me portent à croire qu'il faut placer à ce moment la formation des petites excroissances qui ont fait donner aux cellules qui les portent le nom de cellules à boucles.

Dans la longue cellule figurée planche III, fig. 1, on voit à la fois les deux derniers états : la partie élargie est occupée par une large vacuole de *a* en *b* ; en *b*, se trouve condensée une portion huileuse du protoplasma ; de *c* en *d* il n'y a plus qu'une longue vacuole ; au point *d* le protoplasma est sous forme d'émulsion jusqu'à l'extrémité de la cellule, et l'on peut affirmer que cette portion de la cellule est en voie d'accroissement soit longitudinal, soit diamétral.

L'hyménium des Fistulines nous montre clairement aussi ces trois phases : le baside, à son premier état, nous présente un nucléole huileux central (fig. 8, pl. VII) ; puis, dès que les stigmates apparaissent, le baside est rempli d'une

---

(1) Sachs, *Traité de botanique*, traduit par Van Tieghem, 1873, p. 51.

riche émulsion (fig. 9, planche VI), et il en est ainsi pendant la formation des spores; après la chute de celles-ci, on voit se former des vacuoles (fig. 9); des vacuoles d'une certaine étendue sont entourées du liquide huileux homogène.

Une fois ces faits bien constatés, il nous semble que la signification des réservoirs à suc propre des Champignons devient plus facile à préciser; il est impossible de ne pas les considérer comme des réservoirs dans lesquels le protoplasma est à un plus grand degré de richesse, et associé à des matières grasses, résineuses, colorantes, suivant les espèces. La longueur presque ininterrompue et les *nombreuses* anastomoses des cellules qui les composent, sont-elles en rapport, comme l'estime M. Sachs pour les laticifères des végétaux supérieurs, avec la nécessité d'une circulation facile de ce liquide, qui correspond aux facilités que trouvent les gaz à se mouvoir dans le tissu végétal? C'est possible, on dirait volontiers c'est probable; mais il est impossible de l'affirmer, car on ne peut constater *de visu* la circulation du liquide des réservoirs à suc propre. Corda avait déjà signalé la difficulté qu'il y a à observer ces mouvements et l'erreur dans laquelle était tombé M. Schultz en les signalant chez l'*Agaricus deliciosus* L.

L'état encore peu étudié et qui se présente si fréquemment chez la Fistuline, où le protoplasma, accompagné ou non de matière colorante, forme une masse homogène, qui tend à se solidifier, se rencontre chez beaucoup d'Hyménomycètes dans les cellules tout à fait comparables aux réservoirs à suc propre par leur forme, leurs directions, leurs anastomoses et l'ensemble de leurs caractères anatomiques; nous devons être d'autant plus portés à le considérer comme une forme de latex, que chez les végétaux supérieurs la fusion des globules émulsionnés en globules plus gros, et quelquefois en un tout qui remplit la cavité de la cellule, a été observée par M. Trécul chez les Convolvulacées (1), en particulier dans les genres *Batatas*, *Pharbitis*, *Quamoclit*, chez les Clusiacées (2) et d'autres plantes encore. A cet état, le réservoir à suc propre chez les Champignons est facilement reconnaissable; mais, à l'état d'émulsion, il n'est pas toujours facile de distinguer le point où s'arrête le suc propre et celui où commence l'état le plus ordinaire du proto-

(1) Trécul, *Résumé d'observations sur les vaisseaux et les sucs propres* (Compte rendu de l'Acad. des sc., 13 mars 1865; — *Annales des sciences naturelles*, 5ᵉ section, t. V, p. 55 à 57).

(2) Trécul, *Des vaisseaux propres dans les Clusiacées* (*Annales des sciences naturelles*, sect. 5, t. V, p. 370).

plasma fongique; nous avons vu plus haut les mêmes transitions s'observer dans la disposition anatomique des réservoirs et rendre difficile leur détermination absolue. Les recherches de M. Trécul nous montrent que cette même difficulté se retrouve chez les Phanérogames, où des cellules et des vaisseaux jusqu'ici soigneusement distingués des laticifères par leur structure anatomique, peuvent présenter ou recevoir du latex (1). M. Trécul a mentionné aussi ce fait très-curieux, que sur des plantes rompues de *Chelidonium majus*, les laticifères brunissent et cessent de fonctionner; mais, au bout d'un temps très-court, les cellules du parenchyme voisin modifient la nature de leur suc, qui devient graduellement jaune pâle et finement granuleux, puis jaune foncé comme le latex ordinaire.

Si l'on examine des graines en germination au moment où la plantule sort de la graine et où cet organisme, absorbant l'oxygène atmosphérique, se comporte comme un réceptacle fongique, ses cellules, surtout chez des plantes à laticifères comme les Chicoracées, sont uniformément remplies d'un liquide granuleux donnant à l'eau, lorsqu'on les écrase dans ce liquide, un aspect laiteux et présentant toutes les apparences et les réactions des sucs propres des Phanérogames et des Cryptogames. Les cellules conservent ce protoplasma même alors qu'un certain degré de spécialisation s'est établi, que les cellules libériennes, les premiers linéaments des laticifères et des trachées se sont formés. Il serait bien difficile à ce moment de classer dans deux systèmes différents le protoplasma des cellules du parenchyme externe et celui qui formera plus tard le latex et qui remplit les cellules allongées les plus externes des premiers faisceaux fibro-vasculaires. C'est bien souvent le cas pour les Champignons, et l'analogie devient d'autant plus sensible, que la membrane des embryons en voie de germination ne donne pas la réaction cellulosique avec l'iode, mais qu'elle prend, sous l'influence de ce réactif, la même teinte jaune que les cellules fongiques.

Caractères chimiques, matières colorantes. — Quand on coupe une portion de tissu de Fistuline, il s'écoule de ce tissu en abondance un liquide rouge aqueux. Si l'on recueille celui qui s'échappe des parties restées blanches, comme la base du pédicule, il prend une teinte rose et bientôt rouge à l'air; recueilli sur une lame de verre, il a un aspect opalin et n'est pas absolument transparent. Examiné au microscope, il

---

(1) Trécul, *Ann. des sciences nat.*, 5ᵉ série, t. XII, p. 377.

présente au milieu d'un liquide clair et transparent des gouttelettes à reflet jaune
très-clair, mesurant de 0ᵐᵐ,003 à 0ᵐᵐ,009 de diamètre, et que leur aspect fait tout de
suite reconnaître pour être la substance grasse qui donne l'aspect légèrement lactes-
cent et la teinte opaline à ce liquide. A tous les âges du réceptacle, ce liquide est acide
et rougit le papier de tournesol. Si l'on plonge une portion du réceptacle dans de
l'essence de térébenthine, l'essence prend la place du protoplasma; on observe bientôt
dans le récipient une couche considérable d'un liquide aqueux d'un beau rouge ama-
rante et une couche d'essence de térébenthine qui surnage et qui est teintée de jaune;
on sépare ainsi d'une manière très-nette les deux portions du protoplasma. M. Hof-
mann avait déjà observé que l'essence de térébenthine dissout l'huile contenue dans
les spores (1); la teinte jaune qu'elle prend ici est due à l'huile du protoplasma
qu'elle a dissoute.

L'iode donne au protoplasma une teinte jaune plus ou moins foncée, qui passe au
brun dans les cellules chromogènes. Les alcalis, même à chaud, ne dissolvent pas le
protoplasma, ils lui donnent une teinte brune terne, et si leur action est prolongée,
cette teinte passe au gris verdâtre, surtout en présence de la glycérine. Les acides
le font paraître plus granuleux; l'acide sulfurique et le sucre lui donnent une
teinte jaune. Mais la plupart de ces changements paraissent surtout tenir à la
matière colorante du protoplasma, ils ont leur maximum d'intensité dans les cellules
chromogènes; elles prennent toujours les mêmes teintes, mais plus apparentes sous
l'influence des réactifs qui changent la coloration du protoplasma des autres cellules.

M. de Bary (2) envisage la matière colorante des Champignons comme généralement
combinée avec les corps gras; le principe colorant de la Fistuline hépatique n'appar-
tient pas à cette catégorie. Nous avons vu tout à l'heure que l'essence de térébenthine,
en se chargeant de la partie huileuse du protoplasma prenait une teinte jaune, tandis
que la partie aqueuse du protoplasma, contenait la matière colorante rouge; elle est
du reste très-soluble dans l'eau, sauf quand elle est concrétée, car alors elle résiste
à l'action de tous les dissolvants: eau, alcool, éther, acide, essence de térébenthine,
huiles ou alcalis; elle se ramollit cependant et semble se dissoudre très-lentement

---

(1) Hoffmann, *Untersuch. über die Keim. der Pilzsporen*, in *Jahrbücher für wissensch. Bot. von Pringsheim*, 1860,
vol. II, p. 341.

(2) De Bary, *Morphol. und Physiol. der Pilze*, p. 11.

après un séjour prolongé dans la glycérine. L'acide chlorhydrique tend à détruire cette couleur, et sous son influence les cellules chromogènes dont le
plasma s'est concrété prennent une teinte jaune. L'action de l'ammoniaque ou
celle du carbonate de soude un peu prolongée les font passer au gris verdâtre
ou au brun clair sale; mais, sous l'influence des acides, la couleur rouge reparaît
avec intensité. D'une manière générale, toute action oxydante tend à la faire
apparaître, et nous avons dit déjà que le suc primitivement incolore des tissus
blancs enfoncés en terre ou sous l'écorce prenait très-rapidement une teinte rouge.
Il y a donc apparition de la substance colorante dans le protoplasma, sous l'influence d'un phénomène analogue à celui qui a été étudié dans le bleuissement
des Bolets. La Fistuline contient une substance ozonisante qui produit au moyen
de la teinture de Gaïac la réaction caractéristique que donne cette teinture sous
l'influence de l'ozone. Le tissu de la Fistuline devient rapidement bleu au contact
de la teinture de Gaïac, sans qu'on soit obligé de le tremper dans l'eau oxygénée. On sait que Schönbein a supposé l'existence d'un corps soluble dans l'eau
absorbant l'oxygène et le fixant à l'état d'ozone sur d'autres corps. Quand on a laissé
sécher une Fistuline sans l'entamer, on voit que son tissu à l'intérieur est d'un gris
brun assez pâle; dès qu'on le plonge dans l'eau, il reprend une teinte d'un rouge
franc. Les sels de fer donnent une coloration noire très-nette au tissu de la Fistuline et accusent ainsi la présence du tannin. Les cellules chromogènes prennent
surtout la teinte noire avec une grande intensité. Il est bien difficile de ne pas voir
une relation naturelle entre la présence du tannin dans le parenchyme de la Fistuline et la richesse, au point de vue de cette substance, des arbres qu'elle préfère
(Chêne, Châtaignier).

Tous les réactifs qui ont une action sur le protoplasma et sur la matière colorante
modifient d'une manière identique la teinte de la membrane colorée de la spore et
des conidies, ce qui vient encore à l'appui de la filiation incontestable qu'il y a entre
ces conidies et le réceptacle de la Fistuline. On reconnaît aussi par là que c'est bien
la même substance qui, concentrée dans les cellules chromogènes, passe dans les
cellules qui se rendent à l'hyménium ou qui portent les cellules conidiophores, et cette
substance peu apparente dans ces cellules, se condense dans la paroi des conidies et des
spores. J'ai eu chez un autre Champignon la preuve du transport ou tout au moins de
l'existence de la substance colorante jusque dans le baside. C'est le *Clavaria aurantia*

Pers. qui m'a fourni cette observation. En étudiant cette Clavaire, on reconnaît dans son tissu la présence de cellules chromogènes d'une belle teinte rouge orangé qui donnent au réceptacle sa couleur propre; parmi les paraphyses ou basides stériles de l'hyménium, plusieurs condensent la substance colorante et font suite aux canaux chromogènes. Les basides fertiles ne communiquent pas avec ces canaux, et leur teinte est celle du protoplasma jaune clair qui les remplit; cependant les spores auxquelles ils donnent naissance ont une membrane qui a la teinte rouge orangé des cellules chromogènes. Sur l'individu que j'ai examiné, un baside qui avait déjà formé ses spores, à en juger par l'état des stérigmates, présentait à l'intérieur la matière colorante rouge condensée dans les mêmes conditions où on la retrouve soit dans les paraphyses, soit dans les cellules chromogènes et avec la même teinte. Je l'ai reproduit figure 6, planche IV, comparativement avec un baside fertile dans les conditions ordinaires. On voit donc que la matière colorante est apportée aux basides, et qu'elle peut même s'y accumuler au point d'y devenir aussi sensible que dans les organes normalement destinés à emmagasiner cette substance.

La matière colorante traverse, ainsi que nous l'avons vu, la membrane cellulaire avec des substances capables de se concréter; c'est ce que montre en particulier l'examen des houppes pileuses et de toutes les cellules qui forment le revêtement externe du Champignon; les cellules peuvent même laisser exsuder ce produit dans la profondeur du tissu. J'ai vu une lacune intercellulaire accidentellement agrandie, peut-être distendue par le séjour du fluide gazeux qui parcourt le réceptacle, présenter contre la paroi externe des cellules qui la limitait un dépôt de grumeaux rougeâtres, semblables à ceux qui restent adhérents aux poils. Enfin, on peut remarquer sur la coupe d'une Fistuline séchée une ligne d'un brun noirâtre qui peut atteindre au plus un millimètre d'épaisseur; elle présente cette teinte par suite de l'exsudation de la matière colorante que ces cellules ont pour ainsi dire filtrée pendant l'évaporation continue de la partie aqueuse du protoplasma qui a amené la dessiccation du réceptacle. On peut voir, figure 3, planche II, une coloration produite par le passage de la matière colorante entre les cellules, et son accumulation en grumeaux sur un point de la coupe correspondant à sa portion extérieure.

Mouvements du protoplasma. — Nous avons vu combien l'observation des mouvements dans les réservoirs à suc propre des Champignons échappe aux moyens d'investigation dont nous pouvons disposer ; je donnerai ici une indication à laquelle je ne puis attacher qu'une faible importance. J'ai représenté planche IV, fig. 5, *s, s,* un réservoir à suc propre, dont le suc fort épaissi a conservé dans la cavité de la cellule une forme spiralée que l'on ne peut guère s'expliquer que comme le résultat des mouvements dont ce protoplasma a été animé, soit que la portion condensée du protoplasma ait eu elle-même un mouvement en spirale, soit que la portion hyaline et aqueuse, animée de ce mouvement, ait par contre-coup donné la même disposition à la portion condensée. Quoi qu'il en soit, je n'ai vu aucun mouvement semblable se produire sous le microscope ; mais ce qui a attiré mon attention sur cette disposition particulière du protoplasma, c'est que je l'avais déjà rencontrée à l'intérieur du tube sporophore d'un *Aspergillus glaucus* Lk dans une période avancée de son développement et pendant qu'il donnait naissance à la fructification en *Eurotium*. J'ajouterai, et ceci m'a paru le cas surtout pour l'*Aspergillus*, que l'aspect spiralé que je décris, peut très-bien être dû à un phénomène tout mécanique : dans le cas où une masse protoplasmique épaisse, occupant le centre de la cellule et environnée d'une portion aqueuse, éprouverait un mouvement de translation simple en droite ligne suivant l'axe de la cellule, et se trouverait arrêtée d'un côté et légèrement comprimée par l'apport dans le même sens d'une plus grande quantité de protoplasma, la disposition indiquée figure 5 s'expliquerait très-bien.

Inutile d'ajouter qu'il ne saurait être question de mouvement dans les réservoirs à suc propre dont le contenu s'est complétement condensé, ce qui est fréquent chez les Fistulines, même non desséchées. J'ai tout lieu de croire que le suc propre, coloré ou non, même entièrement condensé, peut être repris dans une nouvelle émulsion et versé dans les cellules du tissu. Nous en trouvons en effet au voisinage de la zone des tubes ; les tubes emploient de la matière colorante à la fabrication des spores, et l'empruntent probablement aux réservoirs sous-jacents dont nous avons vu les communications directes avec le système général des cellules à protoplasma ordinaire. Nous avons dans l'amidon l'exemple d'un corps solide qui peut être rendu liquide pour les besoins de l'économie végétale, et je ne suis pas le premier à établir un parallèle entre le latex et l'amidon : « De même que l'amidon, dit M. J. Sachs (1), le suc laiteux semble abandonner peu à peu les parties les plus

---

(1) J. Sachs, *Physiol. végét.,* trad. par Micheli, 1868, p. 412.

âgées d'une plante pour se concentrer dans les plus jeunes. » Nous voyons aussi chez les Champignons les portions périphériques du réceptacle en être plus abondamment pourvues. On peut donc admettre que les réservoirs à suc concret sont une réserve, aussi bien que ceux qui sont à l'état liquide; à un certain moment ils deviennent inutiles, et dans la vieillesse de la Fistuline ce suc ne joue plus que le rôle d'une substance excrémentitielle accumulée dans les cellules profondes, dans les poils, dans les cellules les plus superficielles du réceptacle qui le laissent exsuder.

Dans les cellules où le protoplasma simplement granuleux a perdu les apparences du suc propre, les mouvements ne se sont pas laissé apercevoir dans l'intérieur du parenchyme de la Fistuline; ce n'est que dans des poils non sécrétants que j'ai pu en reconnaître, et voici en quoi ils consistent. Dans une cellule pileuse mise en observation se trouve un liquide clair, aqueux, qui en remplit la cavité; de petits granules huileux sont émulsionnés par ce liquide; plus nombreux à l'extrémité supérieure libre, ils le sont moins vers la partie inférieure, par laquelle le poil est en connexion avec la cellule sous-jacente; vers le centre ils sont rares. Dans cette partie centrale, deux de ces petits globules sont animés d'un mouvement de va-et-vient assez irrégulier dans une direction quelquefois oblique à l'axe de la cellule; rien ne distingue, du reste, les granulations mobiles de celles qui sont fixes; ni dans la réfringence, ni dans la dimension, ni dans la couleur, on ne saurait trouver un caractère spécial. Ce n'est pas seulement dans le *F. hepatica* et d'une manière accidentelle que ces mouvements se produisent; on les observe aussi dans des filaments mycéliens isolés, dans ceux des *Penicillium* en particulier: je les ai très-nettement vus se renouveler souvent dans le *Mycoderma Cerevisiæ* végétant avec activité. On peut voir, figure 12, planche VII, trois cellules de *Mycoderma Cerevisiæ* qui présentent une grande vacuole centrale hyaline et un liquide huileux plus réfringent qui l'entoure; un ou deux petits globules de même réfringence sont isolés au milieu de la vacuole. Dans cette situation, ces petits globules sont animés de mouvements très-vifs de va-et-vient qui les amènent à proximité du bord de la vacuole, comme s'ils subissaient deux attractions en sens inverse vers les deux foyers de l'ellipse que forme la cellule mycodermique (1). Ces mouvements

---

(1) M. Prillieux a dernièrement combattu l'opinion générale qui attribuait les mouvements des grains de chloro-

ne cessent qu'au moment où le petit globule se trouve avoir dépassé le bord de la vacuole et pénétré dans le liquide huileux; il ne s'y confond pas tout de suite, grâce sans doute à l'enveloppe qu'a formée autour de lui le liquide clair albumineux de la vacuole, ainsi qu'on peut le remarquer dans la figure 12, où l'on voit plusieurs globules renfermés dans la partie huileuse du protoplasma appliquée contre la paroi interne de la cellule et tout à fait immobiles. La quantité du liquide huileux est plus grande à mesure que le nombre des petits globules libres dans la vacuole diminue; on est sans doute en droit de conclure que la plupart doivent, au bout de quelque temps, se fusionner avec le liquide huileux.

M. Lœw a très-bien décrit des mouvements semblables dans les cellules de *Penicillium*, et il a entrevu aussi le fusionnement final du globule mobile suspendu dans la vacuole avec le protoplasma huileux étendu contre la paroi de la cellule, bien que ce dernier phénomène soit moins sensible dans ce cas-là qu'il ne l'est chez les Mycodermes. M. Lœw (1) a ainsi réfuté la bizarre interprétation qu'avait donnée M. Hallier de ce phénomène dont il a été témoin. Ne retrouvant plus à un moment donné le globule huileux en mouvement, et ne sachant pas le reconnaître fixé, M. Hallier trouvait rationnel d'admettre que le globule en question avait passé à travers la paroi de la cellule pénicillienne complétement close, sans laisser aucune trace de son passage, pour aller former quoi ? un *Leptothrix* en dehors du *Penicillium!* C'est un frappant exemple des procédés fantastiques par lesquels M. Hallier croit démontrer les filiations les plus inattendues ; avec une pareille méthode, on ne peut s'étonner que d'une chose, c'est que les résultats obtenus ne soient pas encore plus surprenants.

§ 11. **Lacunes aérifères**. — On sait, ainsi qu'il a été dit plus haut, que le tissu

---

phylle à l'action de filaments mucilagineux du protoplasma se mouvant eux-mêmes dans certaines directions. D'après ses observations, « la façon la plus naturelle d'exprimer les faits serait d'admettre que le groupement des grains de chlorophylle est déterminé par des attractions qu'ils exercent les uns sur les autres et que les membranes exercent sur eux ». (*Comptes rend. Acad. sc.*, 1874, t. LXXVIII, p. 752.) Si les vues de M. Prillieux se confirmaient, il y aurait là une singulière analogie avec les mouvements que je viens de décrire, bien qu'il n'y ait guère de rapport à établir entre les dimensions des corps chlorophylliens, leur composition chimique et celle des corps gras du protoplasma fongique.

(1) Lœw, *Zur Entwicklungsgeschichte von Penicillium in Jarbüch. von wissenschaft. Bot.*, 1870, vol. VII, p. 476-478.

du réceptacle du *F. hepatica* est parcouru par des bandes blanchâtres qui ont été
figurées par la plupart des auteurs sans que leur signification ait été déterminée par
eux. Ces bandes, à direction presque parallèle au centre du parenchyme, divergent
de plus en plus au voisinage de la surface du Champignon ; elles présentent, à
l'examen micrographique, des bulles gazeuses le plus souvent allongées, accolées
à la paroi extérieure des filaments celluleux qui forment la trame du réceptacle.
Il n'y a point de canal à paroi propre, ou circonscrit par les parois mêmes des
cellules du tissu, qui renferme ces bulles gazeuses, et ce qui l'indique le mieux,
c'est la forme de ces bulles qui ne constitue pas une colonne suivie d'un bout à
l'autre du trajet du fluide aériforme. Ce sont des bulles interrompues qui simulent
les bulles accidentellement attachées aux coupes ou aux préparations microscopiques ; aussi ne frappent-elles pas l'attention tout d'abord, et, pour s'assurer qu'on
n'a pas affaire à des bulles purement accidentelles, il faut examiner des coupes
d'une certaine épaisseur dont on a chassé avec de la glycérine l'air superficiel-
lement adhérent. Il est à peine nécessaire d'ajouter qu'une pareille observation
n'est possible que sur des individus frais. Les bulles d'air suivent les espaces
intercellulaires et peuvent même probablement les distendre quelque peu, les
cellules du parenchyme n'étant qu'accidentellement soudées les unes aux autres
et formant un parenchyme beaucoup moins cohérent que ne le sont le plus souvent
les parenchymes des Phanérogames.

Le fluide gazeux se faufile, ainsi que je l'ai expliqué dans une note à l'Académie des sciences, entre les cellules du parenchyme, en suivant une direction déterminée, de la base du pédicule vers la périphérie du réceptacle. Les bandes d'apparence plus claire déterminées par cette circulation gazeuse ne sont pas disposées
comme une ligne isolée, et si l'on coupe une portion du réceptacle, le pédicule surtout, dans le sens perpendiculaire à son axe, on voit les lignes claires se réunir en
circonscrivant des espaces de tissu entièrement rouge.

La distribution la plus intéressante de l'élément gazeux est celle qu'il affecte
dans la zone du réceptacle qui donne naissance aux tubes hyménophores. Trompé
par une illusion que l'on comprendra facilement, j'avais cru tout d'abord que
le fluide gazeux communiquait avec l'air qui remplit chaque tube hyménophore
après qu'il s'est ouvert au dehors, et c'est ainsi que j'avais décrit son passage
de l'intérieur du réceptacle au dehors (*Comptes rendus de l'Académie des sciences,*

4 mars 1867). Plus tard, j'ai reconnu d'une manière plus nette ce qui se passait, soit au moyen de coupes multipliées, soit au moyen de divers liquides introduits pendant l'observation, et qui, en déplaçant les bulles gazeuses, permettaient de mieux juger de leur situation exacte. Ces bulles, qui remplissent ce que j'appelle les lacunes aérifères, ne pénètrent pas dans les tubes hyménophores, et tant que ceux-ci sont jeunes ou clos, ils ne contiennent pas de gaz; quand on en aperçoit, on peut s'assurer que c'est simplement de l'air adhérant à quelques-uns des filaments extérieurs des tubes. Les bulles gazeuses du réceptacle n'ont pas d'autres voies d'issue que tout autour des tubes, elles forment donc, à la base du tube, comme une sorte de cône, non continu bien entendu, et l'inspection de la figure 1, planche VI, peut donner une idée de cette disposition facile à vérifier. Si l'on place dans de la glycérine une coupe convenablement faite, on voit les bulles gazeuses s'échapper petit à petit par suite d'un phénomène purement physique, bien entendu, mais par les voies qui leur sont naturellement ouvertes. Ces bulles se dirigent toujours de l'intérieur vers l'extérieur, pour sortir au dehors dans les espaces intertubulaires; le tissu de la base même du tube est probablement plus serré, sa végétation étant plus active, pour donner naissance à l'hyménium; peut-être même les cellules à ce moment laissent-elles exsuder un liquide qui remplit les espaces intercellulaires? Ceci est d'autant plus admissible, que nous avons vu plus haut les tubes hyménophores se laisser traverser par une substance qui forme à leur extérieur une fine cuticule séparable par le nitrate de mercure. Quoi qu'il en soit des causes de cette répartition des bulles gazeuses à l'origine des tubes, il est difficile de ne pas penser qu'elle aide à maintenir la complète séparation des tubes entre eux. Si des surfaces comme les pointes des Hydnes et les lamelles des Agarics restent libres tout en étant rapprochées, elles le doivent certainement à un arrêt de végétation pendant la formation des spores; la semence étant le dernier terme de l'acte végétatif, on comprend qu'il n'y ait aucune tendance à la formation de filaments végétatifs qui provoqueraient une soudure entre les surfaces hyméniales. Il en est tout autrement ici : les tubes des Fistulines sont très-serrés et se regardent par leur surface végétante et non par leur face hyméniale; les filaments qui les forment s'entrecroisent à la base, et l'on sait avec quelle facilité le tissu des réceptacles des Hyménomycètes contracte des soudures et des adhérences. Je n'en ai jamais surpris entre les tubes hyménophores, et cependant les houppes pileuses, quand elles sont trop rapprochées, se

fusionnent facilement, ainsi qu'on peut en voir un exemple planche V, fig. 12. Mais à la partie supérieure du réceptacle il n'y a rien de comparable, au point de vue des lacunes aérifères, à ce que je viens de décrire pour la portion inférieure. C'est vers la zone inférieure que convergent le plus grand nombre des bandes claires qui indiquent les courants gazeux ; elles viennent se confondre, au niveau du point d'émergence des tubes, en une bande claire dont on a parlé à propos de l'aspect que présente la coupe du réceptacle.

D'où vient ce fluide gazeux qui semble avoir comme un foyer de formation près de la base du pédicule pour se répandre de là dans les directions décrites plus haut ? Est-il puisé en dissolution dans les liquides absorbés ? Est-il le produit des décompositions chimiques qui accompagnent la végétation ? Pour répondre à cette question, il faudrait tout d'abord connaître la composition chimique de ce gaz, et je n'ai à ce sujet que des données très-incomplètes ; tout ce que je puis en dire, à la suite d'une expérience faite avec la machine pneumatique sur des quantités malheureusement insuffisantes de tissu du parenchyme réceptaculaire, c'est que ce n'est pas de l'acide carbonique, et que, s'il en contient, c'est en quantité à peine appréciable. Si j'ai donné le nom d'aérifères aux lacunes qui présentent ce gaz, c'est que j'ai été conduit à supposer ici le cas le plus fréquent, c'est-à-dire un mélange d'oxygène et d'azote en proportions plus ou moins voisines de celles de l'air atmosphérique ; mais l'analyse exacte reste à faire, comme pour le protoplasma.

On ne trouve jamais, à aucun âge et en aucun point du réceptacle, de gaz renfermé à l'intérieur des cellules.

IV

DÉVELOPPEMENT DU RÉCEPTACLE.

Le réceptacle du *F. hepatica* apparaît, comme chez la plupart des Champignons charnus, sous la forme d'un petit corps arrondi, blanc, villeux. Je l'ai rencontré une fois dans cet état en décortiquant une portion de tronc de Châtaignier sur laquelle se montrait un groupe de Fistulines encore jeunes. La petite sphérule que formait le réceptacle avait 2 millimètres et demi de diamètre ; elle était formée d'un tissu fin, serré, de cellules à petit calibre, analogues à celles que j'ai décrites à la base du pédicule, dans le point où celui-ci adhère au bois qui le supporte. Sur une coupe médiane il était facile de voir que le tissu prenait une légère teinte rosée caractéristique, qui annonçait déjà la parenté de ce végétal avec la Fistuline ; on ne pouvait cependant encore y reconnaître de cellules chromogènes, mais un caractère sur lequel nous reviendrons plus loin ne permettait pas de douter de la nature de cette petite production fongique.

A une période plus avancée, la jeune Fistuline se présente comme un cylindre atténué en fuseau à l'une de ses extrémités, celle qui est fixée au végétal qui lui sert de support, et arrondi au sommet libre qui apparaît entre le bois et l'écorce en présentant l'aspect d'un fruit d'*Arbutus Unedo*, avec une teinte plus foncée un peu différente.

La partie du pédicule qui est appliquée contre le bois est en général assez étroite ; la petite tête rouge qui forme l'autre extrémité est couverte de papilles pileuses dès l'origine et avant que le chapeau apparaisse. Les caractères histologiques de son tissu sont dès ce moment ce qu'ils seront après le complet développement du chapeau. Il n'y a que peu de chose à ajouter, au point de vue de la formation des éléments de ce tissu, à ce que j'ai eu occasion de dire en parlant des cellules, des tubes de l'hyménium, des spores. La forme primitive des cellules est la forme étroite ; à la suite des développements en tous sens que les actes végétatifs produisent chez la cellule, elle s'agrandit, et nous avons vu les passages qui, soit sur une seule cellule (pl. III, fig. 1), soit sur diverses cellules provenant les unes des autres, nous montrent la succession des formes étroites et larges comme enchaînées les unes aux autres. Les cellules s'allongent, se cloisonnent, sans présenter de phénomène spécial au végétal que nous étudions ; mais la végétation de chaque filament cellulaire formé par l'union des cellules unies bout à bout ne se borne pas à un allongement longitudinal ou à un accroissement diamétral : chaque cellule du filament (*hypha*) peut former un ou plusieurs bourgeons latéraux, et multiplier ainsi le nombre des filaments cellulaires. C'est ici que se place naturellement l'étude de ce mode de multiplication des éléments cellulaires du réceptacle. Il a déjà été question d'une particularité assez fréquente dans le *F. hepatica*, la présence d'une petite excroissance cellulaire voisine d'une cloison, et qui a fait désigner par les Allemands sous le nom de cellules à boucles (*schnallenzellen*) les cellules qui en sont munies ; on ne peut guère douter que ce ne soit un petit bourgeon cellulaire destiné à produire une cellule nouvelle, et arrêté dans son développement : on en rencontre dans tous les types de cellules.

On peut distinguer deux modes principaux de ramification des cellules ; je les appellerai : *ramification perpendiculaire et ramification parallèle.* La ramification perpendiculaire consiste en ce que, d'un point quelconque de la cellule, il se détache une ramification dans une direction plus ou moins perpendiculaire ou directement opposée à celle que suivait la cellule, sans qu'il se forme de cloison au point où naît cette branche, tantôt du même calibre, tantôt plus petite que le reste de la cellule : il résulte de là des cellules qui ont la forme d'étoiles à quatre branches ou plus fréquemment de T ; la branche horizontale du T est souvent courbe, à convexité dirigée du côté de la branche verticale ; on en voit, quelquefois, dans le tissu trémelloïde, qui portent une double cloison dont l'une sépare les deux branches latérales du T, et l'autre sépare celles-ci de la branche verticale.

La ramification parallèle est celle dans laquelle il se forme des branches qui suivent, soit complétement, soit à peu près, la direction de l'axe de la cellule. Ces branches naissent en général au niveau des cloisons ; c'est un mode de ramification très-répandu chez les Champignons et surtout dans le mycélium. Il naît quelquefois plus d'une cellule au même niveau, et l'on a alors une variété qu'on pourrait appeler ramification verticillée ou en pinceaux ; elle rappelle en effet la formation du pinceau des cellules sporophores du *Penicillium.* C'est chez les cellules étroites que se rencontre ce mode, ainsi que chez les cellules du tissu trémelloïde (fig. 6, pl. II; fig. 4, pl. IV). Il y a le plus souvent une cloison à l'origine de chaque cellule formant un rameau, mais cela n'est pas absolument constant. Cette ramification peut se faire par la bifurcation de l'extrémité jeune de la cellule, ainsi qu'on l'a vu fig. A, 1 *c*, p. 19, pour une cellule chromogène, et planche II, fig. 5 *b*, pour une cellule ordinaire.

Les cellules conidiophores, dont M. de Bary dit qu'elles se distinguent par leur manière de se ramifier, forment, comme nous l'avons dit, des bouquets qui ne sont autre chose que la reproduction de ce dernier mode de ramification, et, si M. de Bary l'avait voulu, il lui aurait été très-facile de se convaincre de l'identité de la disposition des cellules conidiophores avec celle que présentent la plupart des cellules étroites dans leur ramification. Bien plus, on rencontre quelquefois un mode de ramification assez bizarre qu'on pourrait appeler en bec-de-cane, et qui est figuré planche II, fig. 5 *d*. On peut voir planche V, fig. 9, des conidies portées par des cellules qui présentent cette curieuse disposition.

Les cellules les plus internes des tubes hyménophores, celles qui donnent naissance aux basides, se recourbent dans la direction des basides, et, lorsqu'elles en produisent plusieurs, elles donnent naissance à une sorte de bouquet comparable à celui que forment les cellules mères des conidies (voy. fig. 10, planche VI), et qui rentre dans la ramification parallèle.

L'analogie que présentent les basides à l'état naissant avec les cellules conidiophores avant d'avoir produit des conidies ne consiste pas seulement dans ce dernier fait : l'un et l'autre se présentent sous forme de culs-de-sac claviformes, avec un plasma granulé dans la partie la plus étroite, et un ou deux nucléoles huileux de même dimension, de même aspect, dans la partie renflée. La ressemblance ne peut être plus complète, et l'on serait tenté de croire que l'arrêt de développement qui a porté sur les tubes hyménophores, et qui en a fait de simples houppes pileuses à la partie supérieure du chapeau, n'est pas une simple hypothèse, mais une réalité ; les cellules conidiophores seraient alors un vestige de l'hyménium épars dans le parenchyme. Lorsqu'on a suivi ces divers organes dans leur développement, on ne peut s'empêcher de faire ce rapprochement.

Évolution des conidies pendant les diverses phases de développement du réceptacle. — Les conidies se montrent sur le réceptacle bien avant qu'il soit fructifère ; et en cela elles suivent une règle très-générale chez les Champignons qui présentent cette double fructification. Dès le moment où le réceptacle est formé et où il se présente comme une petite sphérule telle qu'elle a été décrite au commencement de ce chapitre, il porte des conidies, et c'est là le caractère auquel on peut reconnaître l'identité d'un pareil réceptacle, qu'il serait possible de confondre avec le premier état d'un Polyporé ou d'un Agariciné quelconque. Des poils allongés, quelques-uns serrés et agglutinés par une sécrétion encore très-pâle, forment le revêtement externe de ce qu'on pourrait appeler le bouton du réceptacle ; on n'y reconnaît pas la présence de filaments extérieurs formant un velum, et, s'il s'en forme un, il disparaît à peine formé. Au même niveau que la terminaison des poils apparaissent des conidies (fig. 7, pl. IV) ; c'est le seul moment de la vie du Champignon où elles font issue au dehors ; j'ai pu suivre leur connexion avec les cellules du tissu et constater que leur principal foyer de formation est un peu au-dessous de la zone pileuse, comme dans l'état adulte; seulement les conidies sont portées au dehors en même temps que les poils; il est probable que de la sorte toutes celles qui se détachent pendant l'accroissement du réceptacle restent entre le bois et l'écorce, et se trouvent ainsi très-bien placées pour germer et donner naissance à de nouveaux réceptacles. Ce mode de dissémination des conidies paraît devoir être plus utile à la propagation du Champignon que celle des spores confiées à l'atmosphère.

A ce moment, nous avons donc un individu qui est au *F. hepatica* adulte, ce que le *Coryne sarcoides* Fr. est au *Peziza sarcoides* Pers., ce que le *Dacrymyces deliquescens* Dub. gemmipare est à l'individu basidiophore du même Champignon. Ce fait, me semble-t-il, apporte un argument assez décisif en faveur de la vraie nature du prétendu parasite de M. de Bary, d'autant plus que pour le vérifier, il n'est pas nécessaire de retrouver des individus au premier âge, presque microscopiques et fort difficiles à chercher. Lorsque le réceptacle s'est accru et s'est montré au dehors de l'écorce sans avoir encore de chapeau formé, il présente toujours des conidies; seulement, ici comme chez l'adulte, elles sont renfermées à l'intérieur du tissu et n'apparaissent plus au dehors entre les poils. A ce moment, les conidies peuvent même quelquefois se développer en si grande abondance, que le développement du chapeau est arrêté; l'individu reste exclusivement gemmipare, soit en conservant la forme naturelle aux jeunes, décrite plus haut et figurée planche I, fig. 5, soit en s'épanouissant et se mamelonnant, comme l'indique la figure 3 de la planche V. Dans le premier cas, le développement des conidies se poursuit de haut en bas jusque dans le centre, et gagne même la base du pédicule; dans le second cas, la production des conidies reste périphérique, et le tissu du réceptacle est normalement développé. J'ai rencontré souvent des échantillons gemmipares, ils atteignent quelquefois d'assez fortes dimensions: celui que j'ai figuré planche V, figures 3 et 4, a été recueilli sur un Châtaignier de la prairie d'Alais (Gard); il est réduit, son diamètre à l'état frais était d'environ 7 centimètres sur 9. Il y a dans l'herbier Montagne (Muséum d'hist. nat. de Paris) un échantillon formé de deux tranches desséchées et collées avec soin, et que l'on voit avoir été conservé comme un type. Il ne porte aucune date, aucun lieu d'origine, mais seulement la subscription : « *Fist. hepatica, passim ad truncos Quercuum.* » On peut suivre sur le bord de la coupe l'épiderme papilleux sans rencontrer de tubes, et, en raclant un peu la surface tout autour et au-dessous du revêtement épidermique, j'ai recueilli des fragments de

parenchyme contenant de nombreuses conidies. Cet échantillon a exactement la
forme que présente la coupe figure 4, planche V, c'est-à-dire à peu près celle d'un
triangle rectangle, dont un des côtés adjacents à l'angle droit est plus long que
l'autre, et l'hypoténuse est la ligne suivant laquelle on devrait rencontrer les tubes
hyménophores. La figure de la *Flore danoise*, vol. VII, tab. 1136, représente, sous
le nom de *Fungus junior*, un individu dont la coupe donnerait la même figure
géométrique, et que je soupçonne, soit à cause de cela, soit à cause de sa taille,
être un individu gemmipare. Cette forme, on le comprend en effet, indique une
tendance à la formation du chapeau, tendance qui a avorté. Enfin Schœffer a reproduit (t. II, tab. cxx) plusieurs individus du même genre, et a donné] la coupe fort
instructive de l'un d'eux. C'est le seul auteur qui se soit douté de ce que cette
absence de tubes avait de singulier. Sans doute parce que, au moment où il les
a recueillis, ces Champignons étaient à un état trop avancé pour qu'on pût les
prendre pour des individus non encore développés, il les appelle *Fungi deformes*,
et les a placés sous le titre de *varietas quarta Boleti decimi quarti*, en ajoutant :
« *Nullus dubito quin hujus tabulæ Fungi meræ sint varietates Boleti decimi quarti,
etsi figura omnino ab omnibus præcedentibus maxime differat.* »

Après avoir trouvé souvent des individus semblables, chez lesquels l'absence de
tubes hyménophores était compensée par une abondante formation de conidies, on
comprend tout l'intérêt que m'a offert cette planche, passée jusqu'ici inaperçue, ou
qui a peut-être troublé quelque botaniste et l'a conduit à se demander si Schœffer
n'avait pas pris pour une Fistuline quelque espèce nouvelle de Trémelle, d'Exidie ou
d'Auriculaire. Ainsi que je l'ai dit plus haut, les individus asporés peuvent conserver la forme de l'individu jeune et se remplir de conidies, sans que rien à l'extérieur trahisse une différence ; l'examen microscopique la révèle bientôt en montrant
le foyer de formation conidienne s'étendant bien au delà des limites habituelles.

Si l'on soumet au microscope un fragment d'individu jeune dont la petite tête
arrondie est destinée à donner naissance à un chapeau, on y rencontre des
conidies à la partie supérieure du parenchyme, mais leur évolution y subit de
curieuses modifications; on y reconnaît en effet nombre de cellules qui donnent
naissance à une conidie bien conformée, souvent unique, à membrane teintée, et
ceci nous indique que la formation des bouquets de conidies débute souvent
par une conidie isolée. L'émergence d'une seule conidie sur une cellule n'est

pas toujours, comme on pourrait le supposer sur les individus âgés, le dernier terme de la formation conidienne qui, dans sa marche basipète, aurait successivement fait disparaître les ramifications de la cellule conidiophore. A côté de ces conidies arrivées à leur développement complet, on voit se former des renflements à l'extrémité des cellules de la zone sous-épidermique normalement conidipare. Ces renflements, d'abord de même dimension que ceux qui doivent donner naissance aux conidies, contiennent comme ceux-ci un nucléole huileux plus gros que les globules qui forment le protoplasma dont le reste de la cellule est plein; mais, au lieu de voir la membrane du renflement s'épaissir et une conidie se former, on voit un bourgeon celluleux naître de ce renflement, et continuer la cellule par un prolongement qui s'allonge et végète à la manière des autres cellules du tissu du réceptacle : il y a là un retour très-manifeste des cellules conidiophores au rôle de simples cellules végétatives. Tantôt le renflement présente une ou deux cloisons; tantôt, et c'est le cas le plus fréquent, il n'en présente pas du tout. On peut suivre, fig. 9, 10, 11, pl. VII, tous les degrés, tous les passages depuis la forme en cul-de-sac renflé des cellules conidiophores jusqu'à celle de cellules à renflement non terminal, tendant même à devenir fusiforme, qu'on surprend chez l'adulte. Ces cellules conservent en général un protoplasma riche, finement granulé, remplissant toute la cavité; on peut même quelquefois surprendre dans le renflement (fig. 11, pl. VII) le nucléole primitif resté intact comme un témoin de l'origine de ces renflements, qui n'ont rien de commun avec les gibbosités, les inégalités de calibre que l'on rencontre accidentellement. La présence de ces cellules conidiophores déformées dans la zone de formation des conidies est l'indice que le réceptacle, où elles se rencontrent, est véritablement à l'état jeune et en voie de former un chapeau, et elle nous donne la clef du type curieux de cellules de la zone supérieure dont j'ai parlé page 12.

Quand le chapeau est formé, il est rare qu'on n'observe pas à son origine et sur sa face supéro-postérieure un mamelon, indice de ce qui était le sommet arrondi du pédicule. Cette partie, souvent rejetée en arrière, représente l'individu gemmipare par excellence, et sur des échantillons séchés et préparés avec soin, on peut faire des coupes dans lesquelles se dessine nettement le foyer de production des conidies. Si l'on compare, par exemple, les deux coupes de la figure ci-après, on remarquera que dans l'individu supérieur la partie du réceptacle destinée à donner naissance aux tubes a pris un grand développement et a rejeté en arrière la portion gemmipare *cc*;

on rencontre, il est vrai, des conidies sous le revêtement épidermique plus loin en avant que cette portion, mais à une petite profondeur. Dans l'individu inférieur, le développement du chapeau a entraîné la zone gemmipare *cc*; aussi le tissu qui doit donner naissance aux tubes est beaucoup moins abondant, tandis que celui du pédicule l'est beaucoup plus que dans l'individu supérieur. Ces dispositions indiquent un antagonisme entre la portion gemmipare et la portion tubulifère de la plante.

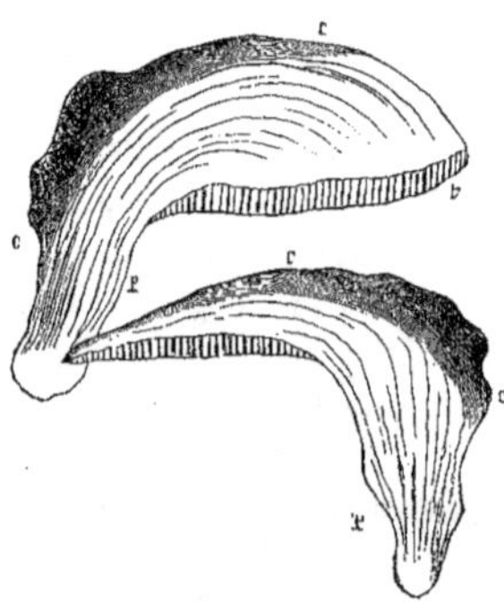

Fig. D. — Coupes de deux *F. hepatica*.

Les observations qui précèdent rappellent ce qui a lieu chez les Thécasporés ou les Trémellinés, qui présentent des individus gemmipares et sporipares, tantôt séparés, tantôt réunis et fusionnés. La Fistuline établit donc entre les Thécasporés et les Basidiosporés le même lien que M. Tulasne reconnaissait en ces termes être formé par les Trémellinés : « Enfin, un nouveau degré d'intérêt s'attache aux » Trémellinées à cause des formes gemmifères que revêtent souvent quelques–unes » d'entre elles, soit partiellement, soit exclusivement à tout vestige d'hyménium » sporophore; car ce phénomène, inconnu jusqu'à présent chez les Champignons » basidiosporés, établit un lien de plus entre eux et les Champignons thécasporés. » (*Ann. sc. nat.*, 4ᵉ sér., 1853, t. XIX, p. 193.)

Il est impossible que la connaissance des individus exclusivement conidipares chez les Fistulines ne reporte pas notre pensée sur les singuliers genres *Ptycho–gaster* et *Pilacre* dont M. Tulasne soupçonne la nature incomplète (1), et qui n'ont pu être jusqu'ici convenablement classés nulle part. Si l'on avait trouvé les individus conidipares de Fistulines avant de connaître les individus sporipares, il est probable qu'on aurait eu le même embarras. On aurait cru y reconnaître aussi quelque Gastéromycète, mais, comme le *Ptychogaster*, sans *peridium*. Le *Ptychogaster*

____

(1) Tulasne, *Ann. sc. nat.*, 5ᵉ série, t. IV, p. 275, et t. XV, pl. 12.

albus Cord. a été rapporté par M. Fries au *Polyporus borealis* Fr. Le *Fistulina hepatica* est aussi un Polyporé, et les faits que je présente à son sujet ne seraient-ils pas de nature à attirer l'attention sur le *Polyporus borealis* Fr., pour savoir si l'apparence extérieure qui a fait classer par M. Fries le *Ptychogaster* à côté de ce Polyporé, ne correspondrait pas à une filiation plus intime, analogue à celle qui enchaîne l'individu conidipare de Fistuline à l'individu hyménié? Ce n'est que sur un aspect extérieur identique que Schœffer a instinctivement rapproché ces deux sortes d'individus dans ses planches de Fistulines.

On verra plus loin que les Fistulines américaines ne m'ont pas présenté à l'état adulte de conidies; mais ce fait n'est pas de nature à infirmer ceux que je viens d'exposer au sujet du *F. hepatica*, tout d'abord parce qu'il se peut qu'elles n'en présentent qu'à l'état jeune, en second lieu parce que le même fait se reproduit chez les Thécasporés, et, de deux Pezizes ou de deux Pyrénomycètes très-voisins, les uns présentent des conidies, les autres n'en ont pas, soit qu'on ne les ait pas encore trouvées, soit qu'en réalité ils soient privés de ce mode de reproduction. On peut en dire autant des genres ou des espèces d'un même genre chez les Trémellinés, qui sont plus rapprochés de notre Champignon.

V

ÉTUDE DES ESPÈCES, CLASSIFICATION. — DISTRIBUTION GÉOGRAPHIQUE.

Le type qui a fait le sujet de l'étude précédente est l'espèce européenne, c'est celle qui pouvait seule être observée à l'état frais et dans ses phases de développement. Il nous reste à faire connaître trois autres espèces. La plus anciennement connue après le *F. hepatica* est celle que Schweinitz a découverte vers 1823 dans la Caroline du Nord, et à laquelle il a donné le nom de *F. radicata*. On verra plus loin la description telle qu'il l'a faite et dans laquelle j'ai indiqué par des italiques les caractères qui différencient cette espèce. Un seul exemplaire en a été conservé dans l'herbier de Schweinitz, à Philadelphie : conservé n'est même pas exact; car, d'après les renseignements qu'a bien voulu me transmettre M. J.-E. Planchon, lors de son dernier voyage aux États-Unis, cet exemplaire est tellement vermoulu, que l'étude histologique n'en est plus possible. D'après M. Ravenel, le *F. radicata* Schw. n'aurait pas été revu depuis les temps de Schweinitz.

M. Berkeley a depuis lors fait connaître deux autres espèces (*Grevillea, a Monthly Record of Crypt. Bot.*, 1872, vol. I, p. 71). Le *F. pallida* Berk. et Rav., espèce assez rare qui se trouve dans les montagnes de la Caroline du Sud. Elle est de petite dimension, d'après M. Berkeley rouge pâle, mais sur l'échantillon sec, plutôt jaunâtre; le pédicule latéral est court et épais. J'ai donné plus loin la diagnose de M. Berkeley, et une figure d'après l'échantillon que ce savant a bien voulu me confier. Voici quelles sont les observations que j'ai pu faire sur sa structure.

Le tissu m'a paru plus serré et plus homogène que dans *F. hepatica* Fr.; les cellules qui le composent présentent moins de variété, et celles qui dominent se rattachent au type à calibre étroit; les cellules larges sont d'ordinaire fusiformes, comme elles sont représentées d'après une coupe prise dans le haut du pédicule (fig. 5, pl. VII).

J'ai rencontré dans le chapeau, plus près de la partie supérieure que des tubes, des cellules larges d'un type que ne m'a point offert la Fistuline hépatique. Ces cellules sont sphériques; elles terminent des cellules étroites, et rappellent, aux dimensions près, celles qu'on rencontre dans la volve des Amanites. Elles ont un diamètre d'environ $0^{mm},030$ sur $0^{mm},020$; elles sont donc plus grandes que les renflements provenant des cellules conidiophores, dont j'ai parlé plus haut à propos du développement du *F. hepatica* Fr., et n'ont rien de comparable (fig. 6, pl. VII).

Les réservoirs à suc propre sont très-reconnaissables, incolores, souvent sinueux, donnant des branches très-minces, et présentant la plupart des caractères de ceux de *F. hepatica* Fr. Le contenu n'est presque jamais coloré; il est condensé et présente quelquefois des cassures que reproduit la fig. 6, pl. VII, et qui sont la suite de la dessiccation du Champignon. Je n'ai rencontré qu'une ou deux cellules chromogènes courtes, et dont le contenu avait une teinte isabelle tirant sur le brique. La surface non fertile présente des poils et des groupes de ces poils en houppes courtes; ces poils naissent des cellules sous-jacentes qu'ils terminent, en se relevant pour prendre une direction perpendiculaire à la surface du Champignon; ils sont couverts de grumeaux dont les uns ont une teinte aussi intense que la sécrétion du *F. hepatica*, mais dont le plus grand nombre sont d'une teinte jaune plus ou moins foncée, comme on peut le voir fig. 7, pl. VII. Toutes les cellules du revêtement externe et même celles des tubes ont laissé échapper de la matière colorante rouge, mais en moindre quantité. La surface inférieure du chapeau présente des tubes séparés, d'une teinte jaune rougeâtre obscure; ces tubes ont de 6 à 9 dixièmes de millimètre de haut sur 8 à 10 centièmes de large. L'hyménium est très-uniforme, sans cystides intercalés aux basides; ceux-ci m'ont paru plus petits que dans *F. hepatica*, mais l'effet de la dessiccation peut être tel, qu'il est impossible de donner leur dimension exacte.

Les spores, autant que j'ai pu en juger par le petit nombre de celles qui se sont présentées à mon observation, ne diffèrent pas de celles de *F. hepatica* Fr.; elles ont la même teinte saumon ou brique clair, et offrent les mêmes dimensions ($0^{mm},005$ à $0^{mm},006$ sur $0^{mm},003$ à $0^{mm},004$).

Je n'ai pu retrouver sur cette Fistuline aucun organe de reproduction secondaire; il est vrai que mes observations ont été singulièrement gênées : d'une part, à cause de la nécessité de respecter un échantillon précieux, de petite taille, et jusqu'ici, je pense, unique en Europe; d'autre part, à cause de la présence d'un *Aspergillus niger* V. Tiegh. (1), qui, en s'introduisant dans les galeries creusées par quelque Acarien, aurait pu être cause d'une méprise, si des spores hérissées et la plante elle-même végétant à la surface extérieure du réceptacle ne m'avaient engagé à me tenir sur mes gardes. On comprend cependant qu'il serait nécessaire d'étudier plus complétement un échantillon frais ou conservé dans un liquide, avant d'affirmer qu'il ne se trouve pas de conidies dans le chapeau adulte du *F. pallida* B. et Rav.

La seconde espèce de Fistuline décrite dans le *Grevillea* par M. Berkeley est le *F. spathulata* B. et C. Cette espèce, plus petite encore que la précédente, se trouve aussi dans la Caroline du Sud; son tissu est encore plus homogène et plus solide, et la rapproche des Polypores, ou, si l'on veut, des *Favolus*.

La direction des cellules dans le chapeau, aussi bien que dans le pédicule, est très-uniforme et parallèle, arrivées à la surface, celles de la couche la plus externe se redressent pour donner naissance, soit aux houppes pileuses, soit aux tubes hymé-

---

(1) Il est difficile de savoir si l'*Aspergillus* vivant sur le *F. pallida* est d'origine américaine, ou s'il est né en Angleterre. Tout ce que je puis affirmer, c'est qu'il a bien les caractères que lui attribue M. Van Tieghem, sauf la longueur du sporophore et des cellules mères des spores, qui est un peu moindre, variation insignifiante à côté des caractères tirés des spores, de leur dimension et de leur forme, de la forme et de l'insertion du sporophore sur le mycélium, etc.

nophores. Je n'y ai point observé de cellules chromogènes, et cependant, la teinte
de la matière colorante sécrétée par les poils est plus intense que dans *F. pallida* B.
et Rav. Les réservoirs à suc propre m'ont paru rares. Quant aux conidies, je n'en
ai surpris aucune trace, et la zone supérieure du chapeau était intacte. Un *Clado-
sporium dendriticum* Wallr. végétait seul à la surface du chapeau, sans pénétrer
dans les tissus et sans en troubler la texture.

Les détails que j'ai pu relever sur ces deux espèces m'ont paru intéressants, surtout au point de vue de la place à leur assigner dans le groupement systématique, mais
ils étaient insuffisants pour entrer en ligne de compte dans la discussion des faits
concernant les laticifères ou les conidies. L'impossibilité de faire des coupes dans
des sens différents et de sacrifier à l'examen anatomique les diverses régions de
chaque échantillon limite l'usage que je pouvais faire dans une pareille discussion
de ce que m'offrait l'examen de ces deux espèces.

La place du genre *Fistulina* est bien évidemment dans la famille des Polyporés,
et je ne saurais mieux faire que de répéter à ce sujet ce qu'en dit Corda : « Ce genre,
» dit-il dans ses *Icones*, ne peut être compté qu'à tort dans la famille des Champignons
» avec aiguillons (*Hydnei*). C'est un vrai *Boletus*, dont les tubes sont complétement
» libres ; la surface extérieure des tubes n'a aucune trace d'hyménium. » C'est là, en
effet, qu'est le vrai caractère. C'est d'après la situation de l'hyménium qu'il faut
se guider, et quant à la séparation des tubes, elle ne peut avoir plus de valeur
pour ranger les Fistulines parmi les Hydnés que n'en aurait pour les mettre
dans la même famille la séparation des lamelles des *Schyzophyllum*. On s'étonne
que M. Fries qui, le premier, a fait ce rapprochement, ait eu l'idée de placer les
Fistulines dans la famille des Hydnés, et ait conduit ces élèves à tomber dans la
même erreur. Les vestiges d'hyménium qu'il dit exister sur la surface extérieure
des tubes (1) n'existent pas plus qu'à l'extérieur des *Solenia* ou des *Cyphella*, et,
quelle que soit l'autorité de l'illustre maître suédois, je ne puis voir qu'une fausse
observation à l'origine de sa théorie.

L'étude des espèces américaines confirme la vraie situation des Fistulines : ces
espèces se rapprochent, en effet, des Polypores subéreux par leur structure et la

---

(1) *Epicr. Syst. Mycol.* p. 501.

plus grande ténacité de leur tissu. Nous avons vu le *F. hepatica* se rapprocher
des Trémellinés par l'existence dans son parenchyme d'éléments anatomiques
semblables à ceux qui forment le tissu de ces derniers Champignons, et ce qui
est plus important, par un mode de reproduction conidipare tout à fait voisin.
Quant aux rapports des Fistulines avec les Hydnés, ils sont de même ordre que ceux
que l'on pourrait leur trouver avec les Gastéromycètes, à cause de la genèse angiocarpe des conidies, ou encore avec les Thécasporés, à cause de l'existence même de
ce double mode de reproduction qui, pour M. Tulasne, établit un lien entre les Trémellinés et les Thécasporés (voyez plus haut). Nous avions donc raison de dire en
commençant, que le type choisi pour cette étude était un type à affinités multiples;
mais, quoi qu'il en soit des affinités éloignées, les affinités directes ne peuvent pas
faire classer les Fistulines ailleurs que dans les Polyporés, et voici comment nous
comprenons leur arrangement méthodique.

POLYPOREI.

FISTULINA BULL.

Hist. des Champ. de la France, t. I, p. 313, 314, pl. 74 ; — 464-497.

A. — TENACES.

1. **Fistulina spathulata** B. et C., in *Grevillea*, vol. I, n° 5, novembre 1872, p. 71.

« Pileo tenui, spathulato, in stipitem gracilem basi attenuatum cum tubulis » decurrente. — N° 6066, Alabama Peters. — A la base d'un Chêne. » (Pl. VII, fig. 1, 2, 5.)

Le chapeau de l'échantillon sec mesure 15 millimètres de long sur 18 de large, très-mince, à peine un millimètre et demi ; sa superficie est rugueuse, pulvérulente, d'un brun rouge foncé, comme le pédicule latéral, qui a 5 centimètres et demi de longueur, 3 millimètres d'épaisseur à sa jonction avec le chapeau, très-atténué vers l'autre extrémité. Les tubes sont plus pâles que le chapeau, d'une teinte jaunâtre (pl. VII, fig. 2). Les spores ont la même teinte, la même forme et les mêmes dimensions que celles du *F. hepatica* F.

2. **Fistulina pallida** B. et Rav., in *Grevillea*, vol. I, n° 5, novembre 1872, p. 71.

« Pileo reniformi, pallido rubente, stipite laterali, tubis decurrentibus. — » Ravenel (n° 1486). — Sur le sol. Montagnes de la Caroline du Sud. N° 6339, » Alabama Peters. — A la base d'un tronc de *Quercus alba.* » (Pl. VII, fig. 4, *a, b, c.*)

Le chapeau mesure, sur un échantillon sec, 2 centimètres dans un sens,

2 centimètres et demi dans l'autre; la surface, d'un brun jaunâtre, est pulvérulente, la marge sinuée et infléchie; le pédicule latéral a 2 centimètres de hauteur et 6 à 7 millimètres de diamètre sur la coupe longitudinale. Les tubes sont de la même teinte que le chapeau et légèrement décurrents, comme chez toutes les espèces connues. Les spores sont comme chez l'espèce précédente.

3. **Fistulina radicata** Sz., *Synops. Fung. Carolinæ Superioris,* edita à Dr Schwœgrichen, p. 100. — Fries, *Elench. Fung.* (1828), p. 128. — *Epicr. Syst. mycol.* (1838), p. 504.

« Carnoso-coriacea, pileo lobato subramoso *spadiceo,* tubulis liberis *badiis,* stipite » in longissimam radicem attenuato.

» Non rarus in truncis cavis; præsertim Castaneæ, autumno. Formam Agarici » pleuropodis spathulati fere habet. Pileus minor, *rarissime unciam superans,* » substantia paulum *duriore* quam in Boleto hepatico, cæterum eadem. Radice » longissima, attenuata, *lignosa,* fissuras arborum ad intima penetrat. »

B. — CARNOSÆ.

4. **Fistulina hepatica** Fr., *Syst. mycol.,* vol. I, p. 396.

Pileo carnoso, crasso, molli, succoso, rotundato, subtus plano, margine obtuso, irregulari, linguæ simili, aut hepatis figuram æmulante, « *nubes,* docente Trattinick, *tonitruis graves in magnâ distantiâ ex horizonti assurgentes imitanti, et verbo adeo irregulari, ut vix ulla Fungi forma cogitari queat, quæ non huic verissimo Proteo vegetabili conveniret* », sessili, vel stipitato. Stipite laterali, brevi, interdum longo ut in fig. 5, pl. 1, cum pilei substantia continuo colore pilei et stipitis fuscescente. Pilis exsudantibus in verrucis conglomeratis aliquando secedentibus undique pileo superiore et stipite sparsis. Tubulis inferis, liberis pallide lutescentibus, cum carne continuis, exsiccato Fungo, rubro fuscescentibus, 3 usque 6 millim. longis, ore subdenticulato. Hymenio intus in tubulis explicato, fertili, basidiis parvis æqualibus 4 sterigmatibus ornatis composito. Sporis uniguttulatis, roseo fuscis, rotundatis, hilo pellucido cuneiformibus; 0^{mm},005 vel 0^{mm},006 longis.

In Fungo sterili aut hymenifero, conidiis angiocarpis oblongis, fasciculatis, rariùs solitariis, dilute fuscescentibus, 0^{mm},007 usque ad 0^{mm},009 longis, summo receptaculo farcto et aliquando usque ad intima stipitis apud asporos pullulantibus.

Var. α. **F. sarcoïdes.** Saint-Amans, *Flore agen.*, 1831, p. 547.

Ne diffère de *F. hepatica* que par un développement plus considérable des cellules du tissu trémelloïde. J'en ai rencontré un échantillon très-caractérisé à l'intérieur d'un tronc de Châtaignier dans la forêt de Saint-Germain.

La Fistuline hépatique croît de préférence sur le Chêne et le Châtaignier. Elle a été indiquée sur les arbres suivants : le Hêtre, par Schœffer, Persoon, Wallroth, Fries, Duby, Kickx; le Saule, par Haller; le Charme, par Gleditsch; l'Aune, par Buxbaum; le Frêne, le Noyer et le Noisetier, par Berkeley.

Je ne pense pas qu'on l'ait jamais signalée sur des troncs d'arbres morts; elle se développe de préférence sur des arbres languissants, ou quelquefois sur la souche restée en terre des arbres coupés, mais qui n'est pas absolument privée de vie (1).

Quant à la saison où elle se montre de préférence, c'est l'automne; quelques auteurs l'ont signalée en été, et d'autres, en plus petit nombre, au printemps.

La Fistuline hépatique présente une aire de végétation assez étendue, puisque nous pouvons constater sa présence depuis la Caroline jusqu'à l'Himalaya; c'est surtout entre le 32° et le 55° degré de longitude N. qu'elle se rencontre. Mais, dans ces limites qui pourraient s'étendre peut-être au sud, si l'on avait des renseignements plus nombreux sur la végétation fongique de l'Afrique et de l'Inde, on peut encore circonscrire une aire où ce Champignon est à son plus haut degré de fréquence et où, par suite, il est utilisé. Nous savons en effet que la Fistuline hépatique est rare au nord de l'Angleterre, en Hollande, en Suède, dans le nord de l'Allemagne, dans le nord et le sud-ouest de la France, tandis qu'elle est indiquée comme entrant dans la nourriture du peuple depuis la chaîne des Cévennes, à l'ouest, jusqu'aux monts Carpathes, à l'est.

C'est dans le Languedoc, le nord de l'Italie, l'Autriche, la Bohême, qu'il faut placer le centre de production de ce végétal. Dans ses stations méridionales, on le rencontre dans les montagnes et à une altitude qui compense le degré de

____

(1) M. Westendorp (*les Cryptogames classés d'après leurs stations naturelles,* Gand, 1854-1865, p. 178) a indiqué par erreur l'écorce comme étant le lieu d'élection de la Fistuline. C'est toujours sur le bois qu'on la rencontre.

longitude méridionale, et le ramène ainsi aux limites plus étroites d'une région tempérée également éloignée des grands froids et des chaleurs excessives.

Les qualités comestibles de ce Champignon sont très-réelles ; il peut être utilisé au même titre que beaucoup d'autres espèces et sans aucune chance d'erreur. Parmi les mycologues, les uns ont exalté sa valeur alimentaire et son goût délicat, d'autres en font un mets grossier et presque désagréable ; c'est évidemment une question d'âge du Champignon et d'apprêt. Pour moi, je l'ai toujours trouvé aussi fin et d'un goût plus agréable que les Chanterelles, les Clavaires et bon nombre d'autres espèces qui passent pour un aliment de bonne qualité.

Contrairement à l'usage, je termine ce qui concerne le *F. hepatica* Fr. par une liste synonymique ; sa longueur eût été gênante, et je n'ai pas voulu la restreindre, afin d'en faire comme une sorte de bibliographie dé mon sujet.

1583. — « *Linguæ in caudicibus* », Cæsalpin, *De Plantis*, p. 619. — Rai, *Hist. Plant.*, t. I, lib. II, p. 100.

1623. — « *Fungus latus et...* », C. Bauh., *Pinax*, p. 371. — « *Jecorinus* », Boccone, *Musco di Fisica*, p. 304. — « *Non vescus* », Lœselius, *Flor. prussica*, p. 90.

1718. — « *Agaricus porosus, etc... hepatis facie* », Dill., *Catal. plant. circa Giss.*, p. 192. — « *Gelatinosus, etc...* », Buxbaum, *Plant. minus cognit.*, cent. I, p. 36, tab. 56. — « *Agaricum esculent. cast.* », Micheli, *Nov. plant. gen.*, p. 117, tab. 30. — *Agarico suillius*, Haller, *Enumer. plant. Helv.*, p. 29.

1751. — « *Poria lata ruf.* », Hill, *A gener. nat. Hist.*, p. 29.

1768. — *Polyporus sessilis sang.*, Haller, *Hist. stirp.*, t. III, p. 147.

1596. — *Hypodrys*, Solenander, *Consilia medica*, sect. 5, p. 50. — Sterbeeck, *Theatr. Fung.*, p. 262, 263. — *Hepaticus* Persoon, *Mycol. Europ.*, p. 149. — Letellier, *Hist. et descript. des Champ.*, p. 46. — Roques, *Hist. et descript. des Champ. comest.*, p. 49.

1751. — *Boletus acaulis linguiformis*, Sauvages, *Method. flor. Monsp.*, p. 2. — Gleditsch, *Method. Fung.*, p. 77. — *B. hepaticus*, Schœffer, *Fung. Bav.*, t. IV, p. 82, tab. 116, 117, 118, 119, 120. — Lightfoot, *Flor. scot.*, 1034. — Wildenow, *Flor. Berol.*, p. 391. — *B. sanguineus*, Planer, *Ind. plant. Erfurt. Fung. add.*, p. 25. — *B. Buglossum*, Retzius, *Flor. scand. Prodr.*, n° 1576, p. 250. — *Fl. Dan.*, t. VII, tab. 1136, 1137. — *B. hepaticus*, Schrader, *Spicileg. Flor. German.*, pars prior, p. 157. — Gmelin, *Syst. nat.*, Linné, t. 11, p. 1438. — Hudson, *Flor. Engl.*, p. 625. — Sowerby, *English Fungi*, tab. 58. — Persoon, *Synops.*, p. 549. — Albert. et Schweinitz, *Conspect. Fung.*, p. 259. — De Candolle, *Fl. franç.*, t. II, p. 113. — Nees, *Syst.*, p. 216, tab. 209. — Pers., *Traité Champ. comest.*, p. 246. — Bolton, *Hist. Fung.*, p. cxli, tab. 79. — Laterrade, *Flore bordelaise*, p. 470. — Trattinick, *Fungi austriaci*, p. 116, tab. 12.

1793. — *Dendrosarcos hepaticus*, Paulet, *Traité des Champ.*, t. II, p. 98, iconogr., pl. IX.

1820. — *Buglossus quercinus*, Wahlenberg, *Flora Upsaliensis*, p. 459. — *Suec.*, t. II, p. 961. — Wallroth, *Flor. Crypt. German.*, t. IV, p. 609.

1791. — *Fistulina buglossoides*, Bulliard, *Hist. des Champ. de la France*, t. I, p. 313-314, tab. 74, 464, 497. — Saint-Amans, *Fl. agenaise*, p. 546. — *Hepatica*, Sibthorp, *Flor. Oxoniens.*, p. 381. — Withering, *Bot. Arrang.*, t. IV, p. 308, 309. — Relhan, *Fl. cant.*, suppl., p. 544. — Fries, *Syst. Mycol.*, t. I, p. 396. — Greville, *Scott. crypt. Flora*, t. V, tab. 270. — Fries, *Elench. Fung.*, t. I, p. 128. — Balbis, *Flore lyonnaise*, t. II, p. 287. — Ed. Schmalz, *Prosp. Fung. Sp. pars* 1, t. II. — Duby, *Bot. gall.*, t. II, p. 780. — Hogg et Johnston, *Flor. II*, t. 7. — Lenz, *Die Nutzl. Schad und verd. Schwamme*, f. 78, t. 10. — Secretan, *Mycogr. suisse*, t. II, p. 538. — Winch, *Bot. Guide of Turner and Dillw.*, II, p. 93. — Vittadini, *Funghi mangerecci*, p. 280, tab. 36. — Berkeley, *British Flora* (Smiths), t. V, p. 154. — Fries, *Epicr.*, p. 504. — Corda, *Icon. Fung.*, p. 43. — Krombholz, *Schwämme*, Heft VII, p. 5, tab. 5, fig. 9, 10, tab. 47. — Godron, *Plantes cell. de la Meurthe*, p. 24. — Rabenhorst, *Deutschl. Krypt. Flor.*, t. I, p. 412. — Fries, *Summa veget. Scand.*, p. 325. — Hussey, *Illustrat. of Brit. Mycol.* I, t. 65. — Badham, *The escul. Mushr.*, t. 12, fig. 4. — Payer, *Bot. crypt.*, p. 106-108. — Desmazières, sér. II, fasc. VI, n° 272. — Bail, *Das System der Pilze*, p. 25, t. 29. — Pradal, *Catalogue des pl. crypt. de la Loire-Infér.*, p. 96. — Lamy, *Pl. crypt. de la Haute-Vienne*, p. 23. — Berkeley, *Outl. of. Brit.*, p. 257, tab. 17. — Fuckel, *Enumer. Fung. Nassov.*, p. 105. — Grognot, *Pl. crypt. de Saône-et-Loire*, p. 222. — Blanche et Malebranche, *Plant. cell. de Seine-Inférieure*, p. 41. — Lefèvre, *Bot. d'Eure-et-Loir*, p. 284. — Martrin-Donos, *Flor. du Tarn*, t. II, p. 252. — De Bary, *Morphol. und Physiol. der Pilze*, p. 53 et 193. — Kickx, *Flore crypt. des Flandres*, t. I, p. 249. — Pérard, *Catal. des pl.* (Allier). — Cordier, *Champ. de France*, t. 132. — M. C. Cooke, *Handb. of Brit. Fung.*, p. 292. — Quelet, *Champ. du Jura et des Vosges*, p. 275 (1).

---

(1) J'ai cité des auteurs qui n'ont publié que des catalogues, tandis que j'en ai omis qui avaient donné des descriptions plus complètes dans des flores. Cela vient de ce que je me suis placé non-seulement au point de vue descriptif, mais aussi au point de la géographie botanique, et j'ai voulu, surtout au sujet de la France, pouvoir citer les auteurs qui avaient mentionné notre Champignon dans les divers départements dont nous possédons des Flores ou des catalogues cryptogamiques.

ERRATA

Page ɪv, ligne 1 : semblables, celles que *lisez* semblables à celles que

Page 9, § 1ᵉʳ, ligne 6 : mais la période de germination intermédiaire, *lisez* mais la période de végétation intermédiaire

age 11, ligne 18 : doivent être facilement étudiées à part *lisez* doivent être étudiées à part

Page 15, ligne 7 : ou plus exactement (*supéro-latérale*), *supprimez* les parenthèses.

Page 20, ligne 13 : cette disposition figurée en *c*. 3 ; *lisez* cette disposition, figurée ci-dessus en *c*, 3 (fig. A).

Page 22, ligne 3 et 4, *supprimez* les parenthèses.

Page 40, ligne 8 : plus rarement aux pôles opposés *lisez* plus rarement deux aux pôles opposés.

Page 49, ligne 2 : en être abondamment pourvues *lisez* être plus abondamment pourvues de réservoirs à suc propre.

Page 55, dernière ligne : en bec-de-cane *lisez* en bec de canne

Page 58, ligne 12 : c'est le seul auteur qui se soit douté de ce que cette absence de tubes avait de singulier. Sans doute parce que… *lisez* c'est le seul auteur qui se soit douté de ce que cette absence de tubes avait de singulier, sans doute parce que…

PLANCHE I

FISTULINA HEPATICA Bull.

Fig. 1. — Fistulina hepatica Fr. Échantillon provenant de la forêt de Saint-Germain, représenté à moitié de sa dimension naturelle.

Fig. 2. — Le même, vu par la surface supérieure.

Fig. 3. — Échantillon de petite taille, recueilli dans les Cévennes (dimension naturelle). On trouve tous les intermédiaires entre les Fistulines de cette dimension et celles qui atteignent le volume de l'exemplaire figuré en 1 et 2.

Fig. 4. — Coupe du même individu indiquant les veinures plus claires du tissu.

Fig. 5. — F. hepatica Fr. avant l'épanouissement du chapeau et présentant un long pédicule.

Fig. 6. — Tubes grossis, vus sur une coupe du tissu.

Fig. 7. — Tubes vus par dessus, plusieurs en *a*, un seul un peu plus grossi en *b*.

Fig. 8. — Couleur des spores vues en masse.

FISTULINE.

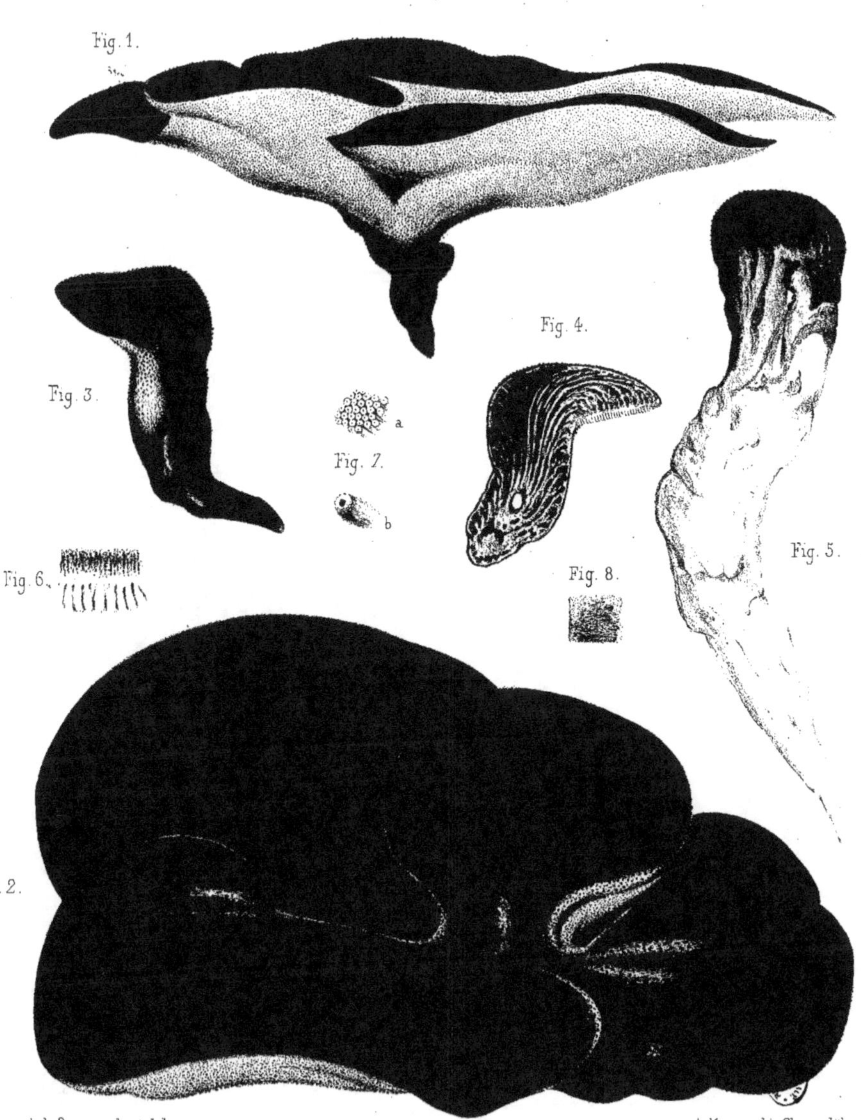

J. de Seynes ad nat. del.

Imp. Becquet, Paris.

A. Karmanski Chromolith.

Fistulina hepatica Bull.

PLANCHE II

TISSUS DU RECEPTACLE.

FIG. 1. — Cellules de la base du pédicule en rapport avec le bois de l'arbre sur lequel est fixé le Champignon, grossies 350 fois. —1 *ª*, ensemble des cellules. — 1 *ᵇ*, cellules isolées. — *l l l l*, débris de cellules du périderme de Châtaignier.

FIG. 2. — Parenchyme médian du chapeau près du pédicule, représenté à un grossissement de 350 diamètres.

FIG. 3. — Coupe transversale à la direction des cellules, conduite tangentiellement à la surface du pédicule, chez un individu âgé et très-développé. On observe en X une exsudation de matière colorante qui s'est produite à travers les cellules les plus externes. (Même grossissement.)

FIG. 4. — Coupe du parenchyme médian dans le chapeau. La direction des cellules larges est assez uniforme, et l'on observe trois cellules chromogènes. (Même grossissement.)

FIG. 5. — Divers modes de ramifications des cellules. — 5 *ª*, cellule large (350) donnant naissance à un bourgeon étroit à son sommet, et à une cellule encore plus étroite dirigée perpendiculairement à son axe, et dont on voit la coupe au point *a*. — 5 *ᵇ*, cellule étroite (580), bifurquée au sommet, et dont les deux branches se sont cloisonnées transversalement et soudées longitudinalement. — 5 *ᶜ*, cellules étroites, présentant des renflements comme les cellules à boucles. — 5 *ᵈ*, cellule étroite (350), se ramifiant en bec de canne.

FIG. 6. — Cellules étroites à ramifications parallèles ou verticillées et cloisonnées à l'origine.

FIG. 7. — Cellule chromogène en connexion avec une cellule ordinaire. Cette cellule présente une solution de continuité dans le suc propre concrété, qui pourrait faire l'illusion d'une cloison. La cloison qui sépare les deux cellules est en cul-de-sac. (580 fois.)

FIG. 8. — Terminaison et bifurcation de réservoirs à suc propre chromogènes. (350.)

FIG. 9. — Poil renfermant du suc propre coloré, naissant d'une cellule à protoplasma incolore, et montrant par les vacuoles qu'il présente que sa membrane elle-même n'est pas colorée. (350).

FISTULINE.

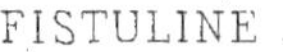

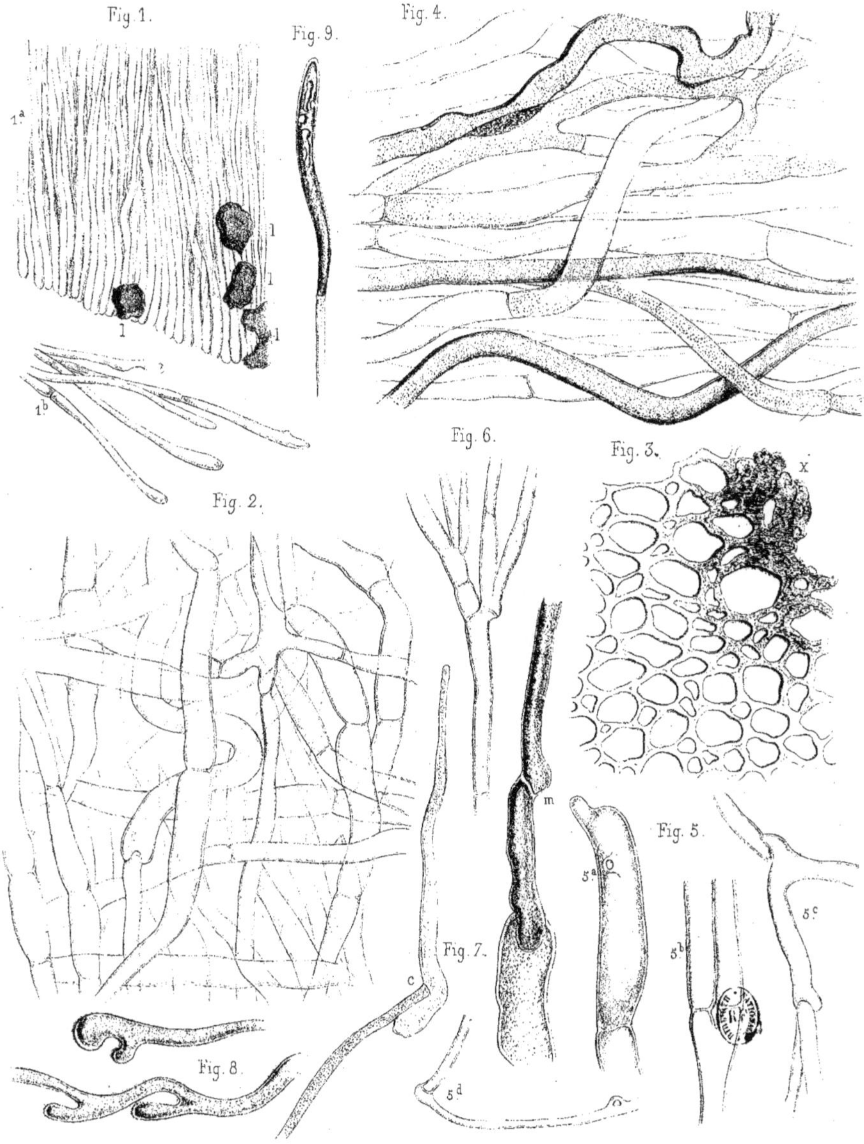

J. de Seynes ad nat. del. — Imp. Bocquet, Paris. — Th. Deyrolle lith.

Tissus du Réceptacle.

PLANCHE III

CELLULES ORDINAIRES, CHROMOGÈNES ET A SUC PROPRE.

Fig. 1. — Longue cellule non cloisonnée sur un parcours de 2 millimètres 1/2, et présentant des différences de calibre qui sont reproduites à côté au grossissement de 350 fois. — *a*, extrémité libre élargie. — *b*, point où se trouve condensée la partie huileuse du protoplasma. — *c*, portion rétrécie. — *d*, extrémité à protoplasma granuleux. — *e*, bifurcation rompue.

Fig. 2. — Cellule à renflement au niveau de la cloison qui la sépare d'une autre (*Schnallenzellen*), cellule en boucle des Allemands. (350.)

Fig. 3. — Réservoir à suc propre, donnant naissance à une branche latérale qui se soude avec lui (350 f.). Deux soudures paraissent des anastomoses, mais il y a en ces deux points une paroi que la réfringence du contenu rend moins apparente.

Fig. 4. — Origine des cellules chromogènes; dans la branche *c* s'accumule la matière colorante. (350.)

Fig. 5. — Cellule chromogène à un degré plus avancé, séparée par une cloison des cellules non chromogènes. (350.)

Fig. 6. — Cellules chromogènes courtes et présentant une cloison. (350.)

Fig. 7. — Cellule chromogène se formant sur le trajet d'une cellule étroite, et donnant une branche. (350.)

Fig. 8. — Réservoir à suc propre, incolore dans le milieu, devenant chromogène de chaque côté. (350.)

Fig. 9. — Cellule chromogène dans laquelle la substance colorante se condense, et qui dònne naissance à une branche plus mince; une vacuole indique que la membrane n'est pas colorée. (350.)

Fig. 10. — Cellule chromogène dans laquelle la substance colorante n'est que partiellement condensée. (350.)

Fig. 11. — Cellule chromogène anastomosée, donnant naissance à deux branches non colorées. (350 réduite à 2/3.)

Fig. 12. — Cellule chromogène rectiligne, donnant deux branches à direction irrégulière, suivant une direction différente de celle de la cellule rectiligne. (350 réduite à 1/2.)

Fig. 13. — Coupe du parenchyme près du pédicule, chez un individu jeune. Les grosses cellules chromogènes ont à peu près la même direction que les cellules du tissu coupé transversalement; des ramifications plus étroites ont une direction perpendiculaire à celle des autres cellules. (350.)

Fig. 14. — Une fine cellule chromogène de la figure 13 grossie 580 fois avec les cellules adjacentes du parenchyme.

FISTULINE.

J. de Seynes ad nat. del.

Imp. Becquet, Paris.

A. Karmanski Chromolith.

Cellules ordinaires, chromogènes et à suc propre.

PLANCHE IV

POILS. — PROTOPLASMA. — TISSU TRÉMELLOIDE. — CONIDIES DU PREMIER AGE.
GERMINATION DES CONIDIES.

Fig. 1. — Poils formant une houppe encore peu développée, naissant de cellules larges. (350 réd. à 1/2.)

Fig. 2. — Poils sécrétant, dont un est né de cellules incolores (260), et dont quatre sont agglutinés en *b* par leur sécrétion. (350.)

Fig. 3. — Cellules étroites et cellules du tissu trémelloïde, naissant de cellules larges. (350.)

Fig. 4. — Cellules du tissu trémelloïde. Les extrémités élargies et granulées arrivent au niveau du revêtement épidermique comme des poils. Une cellule dans le bas présente une quadruple bifurcation. (350.)

Fig. 5. — Portion de tissu montrant des cellules remplies de protoplasma riche et à gros granules graisseux en P, une portion de cellule chromogène à protoplasma granuleux, et une cellule V dans laquelle on remarque des vacuoles hyalines et la portion huileuse du protoplasma est à l'extérieur. Ces cellules ont été prises dans un individu jeune et très-frais. Au bas de la figure, en *s s*, est représentée une cellule chromogène dans laquelle le protoplasma est disposé en spirale. (350.)

Fig. 6. — *h*, portion de l'hyménium de *Clavaria aurantia* Pers., dans laquelle on voit une cellule chromogène donner naissance à une des cellules stériles ou paraphyses (580). — *h*, baside rempli de protoplasma (580). — *b'*, cellule stérile chromogène avec un globule de protoplasma ordinaire au sommet, et baside rempli de matière colorante. (350.)

Fig. 7. — Coupe de *Fist. hepatica* au premier âge à la surface. — Poils dont quelques-uns sont déjà groupés en houppes. Conidies apparaissant entre les poils.

Fig. 8. — Conidies et poils du même individu, grossis 480 fois.

Fig. 9. — Bouquet de conidies jeunes dans le même individu, grossi 580 fois.

Fig. 10. — Germination des conidies (580). On peut suivre tous les degrés depuis les conidies n'ayant pas encore germé. On en voit à côté qui se dépouillent de la membrane externe; elle n'est encore que fendue chez l'une d'elles, tandis que chez d'autres il n'en reste qu'un fragment à la surface de la sphère que forme la conidie en germant; plusieurs donnent naissance à des filaments germinatifs plus ou moins longs. On voit à l'intérieur de celles qui n'ont pas donné naissance à des filaments germinatifs un ou deux nucléoles brillants, tandis que dans les dernières le protoplasma est uniformément granuleux.

J. de Seynes ad nat. del.

Imp. Becquet, Paris.

Th. Deyrolle lith.

Poils. Protoplasma. Tissu tremelloïde.
Conidies du premier âge. Germination des Conidies.

PLANCHE V

POILS. — CONIDIES.

Fig. 1. — Lacune formée dans le tissu d'une vieille Fistuline par le développement des conidies. (Grossie environ 80 fois.)

Fig. 2. — Bord de la lacune ci-dessus montrant la surface hérissée de conidies. (350.)

Fig. 3. — Fistuline exclusivement conidipare, ne présentant pas de tubes hyménophores. (Plus petit que nature.)

Fig. 4. — Coupe de l'individu ci-dessus, indiquant la direction des bandes claires.

Fig. 5. — Portion de tissu avec conidies naissant des cellules du parenchyme. (350.)

Fig. 6. — Conidies en bouquet (350), échantillon Desmazières.

Fig. 7. — Cellule conidiophore et formation des conidies à l'extrémité de ses branches. (580.)

Fig. 8. — Cellule conidiophore; il se forme deux conidies l'une au-dessous de l'autre sur deux branches. (580.)

Fig. 9. — Cellules conidiophores présentant la ramification en bec de canne de la figure 5 *d*, pl. II. (580.)

Fig. 10. — Conidies naissant isolées sur le trajet des cellules, comme on en voit figure 5 ; la cellule conidiophore est réduite à un court pédicule. (580.)

Fig. 11. — Diverses variétés présentées par les cellules conidiophores. — En *a*, elles sont cloisonnées à chaque bifurcation et plus fines que la cellule qui leur donne naissance. — En *b*, la cellule conidiophore naissant d'une cellule du tissu trémelloïde est plus large que cette dernière. En *c*, les cellules conidiophores sont de simples ramifications, sans cloisonnement à l'origine, d'une cellule ordinaire. (350.)

Fig. 12. — Silhouette de houppes ou verrues formées à la surface des Fistulines par les poils.

Fig. 13. — Poils incolores et colorés. Parmi ces derniers, l'un est la terminaison d'une cellule chromogène, les autres naissent des cellules du tissu trémelloïde. (350.)

J. de Seynes ad nat. del.   Imp. Becquet, Paris.   A. Karmanski Chromolith.

Poils, Conidies.

PLANCHE VI

TUBES. — HYMÉNIUM ET SPORES.

Fig. 1. — Moitié de la base d'un tube hyménophore. On voit en *a* les cellules larges et courtes donnant naissance aux cellules étroites, qui sont courtes au fond du tube et donnent naissance à l'hyménium ; d'autres se prolongent en *d* pour former le tube lui-même. L'espace compris entre deux tubes est indiqué en *c*. On voit la direction des bulles gazeuses qui aboutissent dans l'espace intertubulaire, et non pas dans l'intérieur du tube. (350 fois, réduit à un 1/2.)

Fig. 2. — Naissance d'une lamelle d'*Ag. hydrophilus* Bull. Cellules étroites naissant des cellules larges du chapeau pour former la lamelle. (350.)

Fig. 3. — Coupe prise entre deux lamelles d'un *Tricholoma vaccinus*, de manière à présenter une concavité où se trouvent des cellules hyméniales nées de grosses cellules *r* du chapeau, et la naissance d'une lamelle en *l* (350 f. diminué). Cette figure reproduit exactement la figure 1, représentant l'origine d'un tube de Fistuline.

Fig. 4. — Coupe longitudinale d'un tube hyménophore montrant à la partie interne l'hyménium en *h h*, et l'extrémité des cellules stériles en D, considérées comme des cystides par divers auteurs. (350.)

Fig. 5. — Origine des cellules des tubes naissant de cellules larges et courtes (350). Ces cellules sont prises à la partie externe d'un tube, la connexion des cellules étroites avec les grandes cellules dans cette région n'étant pas très-claire dans la figure 1.

Fig. 6. — Cellules étroites, dont plusieurs conidiophores, naissent de cellules larges dans la zone supérieure. (Environ 200.)

Fig. 7. — Hyménium, coupe transversale. — *t*, coupe des cellules du tube. — *b*, basides. (350.)

Fig. 8. — Hyménium, coupe longitudinale suivant la direction des cellules du tube qui se recourbent pour porter les basides, comme on le voit aussi dans la figure 4. (350.)

Fig. 9. — Basides isolés à divers états (580). L'un pousse ses stérigmates, l'autre porte des spores développées ; le troisième a donné naissance à des spores qui se sont détachées.

Fig. 10. — Basides. Plusieurs sont portés sur une même cellule qui leur donne naissance, de la même manière que les cellules conidiophores aux conidies.

Fig. 11. — Spores en *s*, grossies 350 fois, et en *s'*, grossies un peu plus de 1200 fois.

Fig. 12. — Deux cellules chromogènes O O, dans lesquelles on voit la substance colorante partiellement condensée. La cellule *m n* qui leur donne naissance présente un plasma granuleux plus riche que la cellule *m t*. — P, extrémité d'une cellule chromogène dont le petit bec qui la termine n'est pas coloré. (350.)

Fig. 2.
FISTULINE .
PL . VI.
Fig. 8.
Fig. 3.
r
Fig. 9.
Fig. 10.
t
m
P.
Fig. 4.
l
Fig. 11.
s
s'
b
Fig. 12.
Fig. 7.
n
b
P
t
h
Fig. 1.
d
Fig. 6.
o
c
a
Fig. 5.
J. de Seynes ad nat. del.
Imp. Becquet, Paris.
Th. Deyrolle lith.
Tubes, Hymenium et spores .

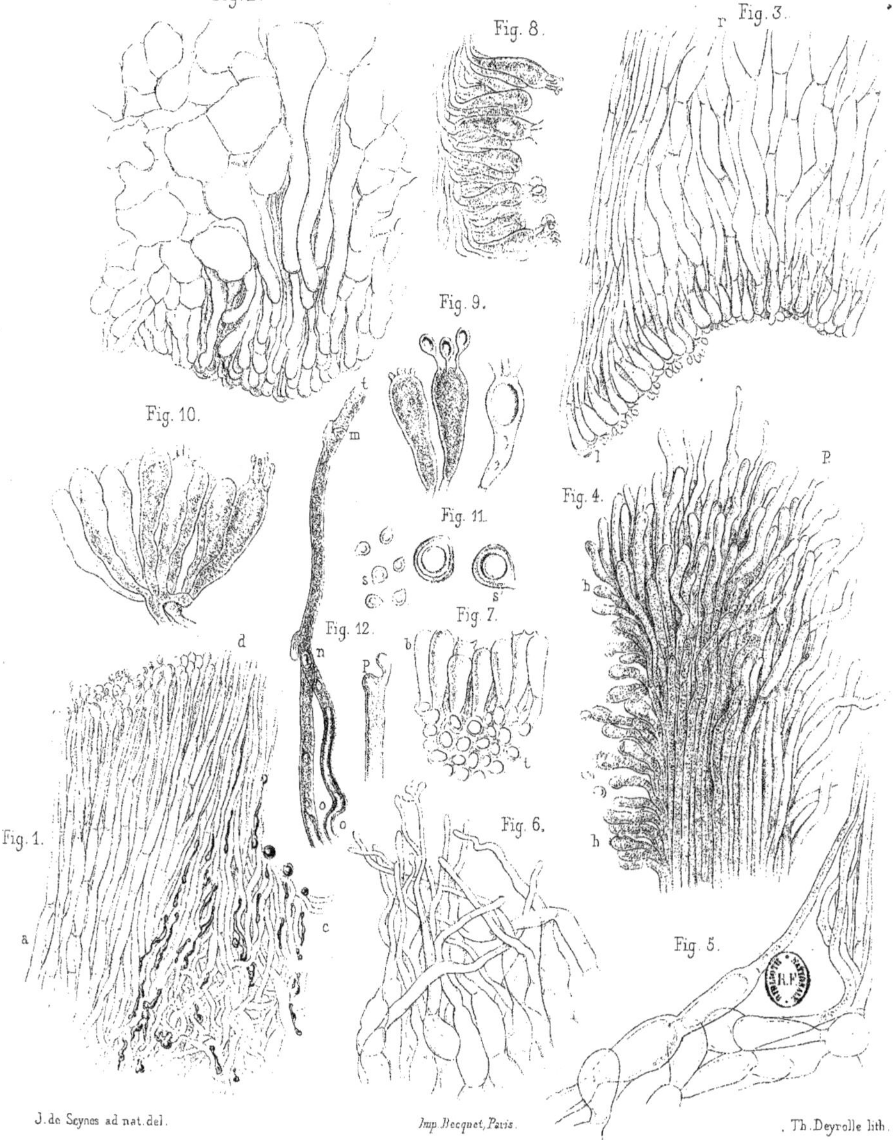

PLANCHE VII

DÉVELOPPEMENT DES BASIDES ET DES CONIDIES. — ESPÉCES EXOTIQUES.

Fig. 1. — *Fistulina spathulata* B. et C., vu par la surface supérieure. (Grandeur naturelle de l'échantillon sec.)

Fig. 2. — Le même, chapeau vu par dessous, côté des tubes.

Fig. 3. — Le même, coupe grossie du chapeau et d'une partie du pédicule.

Fig. 4. — *Fistulina pallida* B. et Rav. — *a*, vu par dessous; — *b*, vu par dessus; — *c*, en coupe. (Grandeur naturelle de l'échantillon sec.)

Fig. 5. — Cellules de *F. pallida*. — En P, réservoir à suc propre; coupe prise dans le pédicule, partie médiane. (350.)

Fig. 6. — Cellules de *F. pallida* près de la partie supérieure du chapeau. En R P, est un réservoir à suc propre à contenu fragmenté. (350.)

Fig. 7. — Poil sécréteur (580) de *F. pallida*, laissant exsuder une substance jaunâtre.

Fig. 8. — Développement des basides à l'intérieur d'un tube jeune de *F. hepatica*, non encore ouvert. Ce sont de simples renflements terminaux des cellules sous-hyméniales présentant près de leur sommet un globule huileux assez gros, très-apparent. (350.)

Fig. 9. — Développement des conidies et passage des conidies non encore complétement formées à l'état de cellules végétatives, chez des individus jeunes n'ayant pas encore un chapeau formé. (350.)

Fig. 10. — Développement des conidies. (Grossissement de 580 fois.)

Fig. 11. — Cellules conidiophores revenues à l'état de cellules végétatives chez l'individu adulte. (580.)

Fig. 12. — *Mycoderma Cerevisiæ*, présentant des granules mobiles. (900.)

FISTULINE. PL. VII.

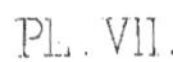

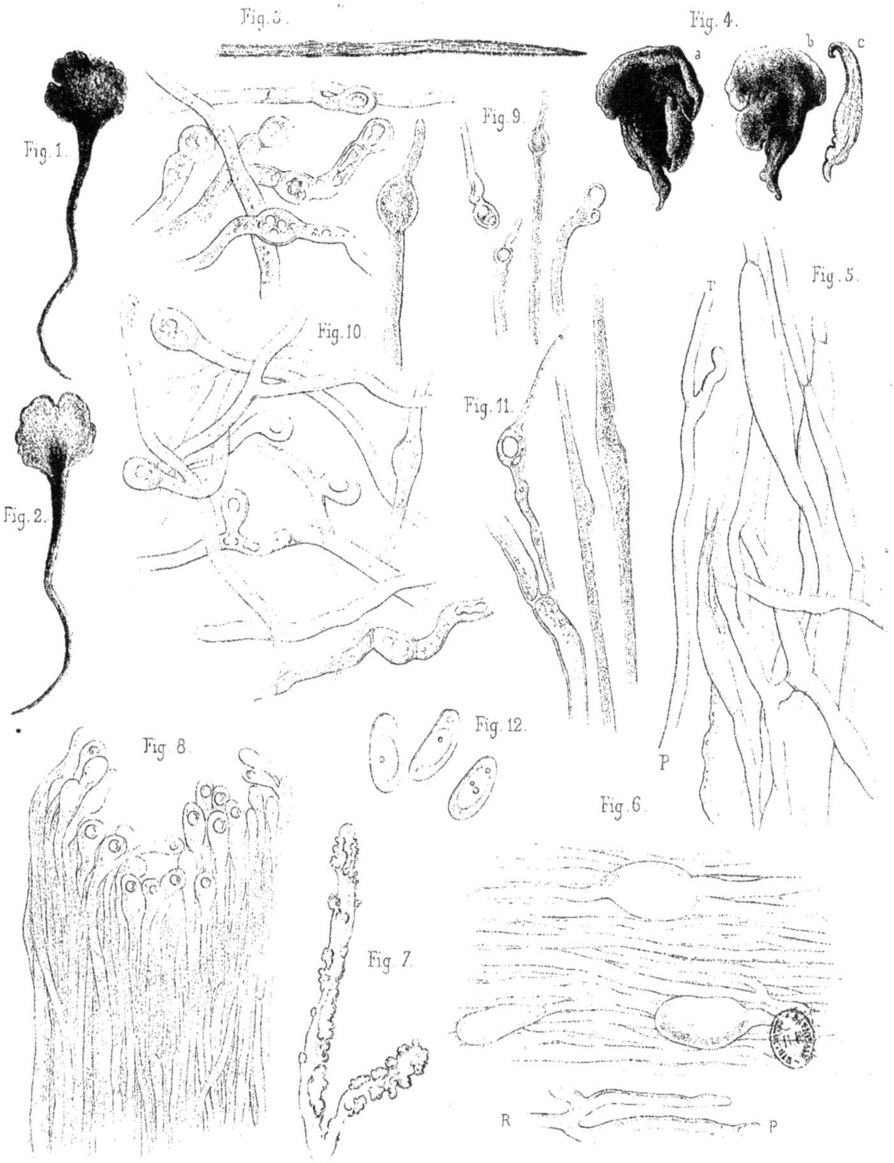

J. de Seynes ad nat. del. *Imp. Becquet Paris.* Th. Deyrolle lith.

Développement des Basides et des Conidies
Espèces exotiques.